A GOOD LIFE

SUCCESS IS GETTING WHAT YOU WANT.
HAPPINESS IS WANTING WHAT YOU GET.

世上充满了**有趣**的事情可做，

在这令人兴奋的世界中，不要过着乏味的**生活**。

美好的人生

[美]戴尔·卡耐基 / 著
梓 墨 编译

中国商业出版社

图书在版编目（CIP）数据

美好的人生 / （美）戴尔·卡耐基著 ； 梓墨编译.
-- 北京 ： 中国商业出版社，2018.3
ISBN 978-7-5208-0220-8

Ⅰ.①美… Ⅱ.①戴… ②梓… Ⅲ.①人生哲学一通俗读物 Ⅳ.①B821-49

中国版本图书馆CIP数据核字(2018)第019710号

责任编辑：姜丽君

中国商业出版社出版发行
010-63180647 www.c_cbook.com
(100053 北京广安门内报国寺1号)
新华书店经销
三河市天润建兴印务有限公司
*
720×1000毫米 16开 16印张 200千字
2018年3月第1版 2018年6月第1次印刷
定价：39.80元
* * * *

前　言

人的一生很快就会过去，往往只有短短数十年。很多人浪费宝贵的时间，去想那些鸡毛蒜皮的小事。要是深入探究，世界上半数的伤心事都起因于琐碎小事，一点无足轻重的伤害、一丝微不足道的委屈……诸如此类。不过有这样一个有趣的现象：那些图书馆、实验室的科研人员通常不会因为忧虑而出现精神崩溃的状况，因为他们没有时间、没有精力来享受这种因精神负担过重而崩溃的“奢侈”。在你忙碌中、行动时、工作时，忧虑丝毫不起作用，而当你完成工作之后、无所事事时，忧虑就会发挥最大的杀伤力。

印度戏剧家卡里达沙将太阳升起直至黎明到来的“今天”称为“生命中的生命”，他在诗中写道：“昨天不过是场梦，而明天只是幻影。活在今天，才会使每个昨天变成一个快乐的梦，使每个明

天成为充满希望的幻景。”倘能如此，那么就算你现在很落魄、失意，也可以大声向世界宣布:“就算未来布满荆棘，我已经拥有了美好的今天!”所以今天才是最需要把握、最真实的人生驿站!

这书中所告诉你的原则，必须由衷地去实践才会有效。我不希望人们用奸诡的骗术去欺骗人家。我所讲的只是一种新的成功方式。

这本书的完成

——戴尔·卡耐基

三十五年来，美国出版商出版了二十多万部不同种类的书，其中大部份是枯燥乏味的，很显然亏本也就很正常了。我说了“大部分”！的确如此，有一位世界一流的出版公司负责人最近对我说，他公司拥有75年的出版经验，可是每出版八本书，还是有七本书是赔本的。

那么我又如何还敢冒险写这本书呢？而且在出版之后，读者又为什么要去读它？这是两个都很值得重视的问题。

先来谈谈这本书的创作经过，在这里先重复一下罗威·汤姆士在前言上所说的几件事。

从1931年开始，我在纽约教授一些商业人士和职场人士一项教育课程。最初我只举办了演讲的课程，它是运用实际经验，训练成人在商业洽谈和团体中能依照自己的思想，更清晰、更有效、更冷静的发表自己的意见。

可是办了几季演讲之后，我发现很多人固然深切地需要有效的讲话训练，但他们更迫切的需要在日常生活和交际上学到与人相处的方法。

而且我自己也渐渐觉察到，我本人也很需要这种训练。现在回想那些年来的情形，仍然对自己当初的贫乏而感到惶恐不安。二十年前，如果我手里有这一本书，那么我现在应该已经创造了更大的成就了。

如何与人交流，这是我们面临的一个最大的问题，而且几乎所有的人都需要和别人交流。如果你是个商人，这问题就更加的重要。

数年前，在“卡耐基基金会”的资助下作了一次调查和研究，有了比较重要的发现。这项发现，后来又被“卡耐基技术研究院”研究证实了。从调查出来的资料上看，一个人经济上的成功，有百分之十五是由于本人的技术和知识，而其中百分之八十五是因为人类的品行即人格和个人的领导才能。

数年前，我们在费城工程师协会举办课程，同时也在美国电机工程协会分会开设了一个班。总计约有1500位以上的工程师去过我举办的讲习班。经过多年的观察和经验，我最后发觉在工程师中，获得最高酬劳的人往往不是懂得工程知识最多的人。

我们可以付出每周二十五元到五十元的代价，雇用工程、会计、建筑、或其他懂技术能力的人，市场上永远都有拥有这种能力的人。但是除了技术、知识之外，如果再加上有能担任领袖的能力，能发表自我意识的能力，能激发他人的能力，那么他的收入就会很自然地提高很多。

约翰·洛克菲勒在他事业鼎盛的时候曾经向白罗雪这样说："和别人交流的能力，也是一种可以购买的商品，就像糖和咖啡一样。"他还说："我愿意对那种能力付出酬劳，它的代价要比世界上任何东西都高。"

芝加哥大学和青年会联合学校曾举行一次调查，确定成人究竟要研究些什么。

那笔研究费用是25000元，同时花了两年的时间，调查的最后是在梅立顿镇子进行的。那地方被人认为是典型的美国市镇，镇上的每一个成年人都被作为访问的对象，请他们回答出一百五十六个问题。

问题很很多，比如你的职业或专业是那一行？你的教育程度如何？你的理想是什么？你需要解决的问题是哪些？你如何利用休闲的时间？你的收入是多少？你有什么嗜好？你最喜欢什么学科？等等。调查人员所提出的就是诸如此类的问题。

调查结果显示，健康是一般人最注意的，第二就是兴趣，还有就是如何了解别人，如何与人相处，如何使人喜欢自己，如何使他人同意自己的想法。

调查之后，举行这项调查的委员会决定替梅立顿的成年人举办一次这样的课程。他们努力寻求有关这方面的教材，但却找不到一本真正有用的书。最后，他们去见一位世界著名的权威成人教育家，问他是否有合乎这些成年人所需要的书。

“不，”那位教育家回答，“我虽然知道那些成人需要什么，可是他们所需要的这类书却从未有人写过。”

根据经验我知道他的话是对的，我自己也已经费了很多年的时间在寻求一本实用而有效的、关于人与人之间关系的书籍。

正是因为很多人希望有这样的书，我才尝试着写了一本，就是这本书。那是为我讲习班听课的人所写的，希望读者也会喜欢它。

我为了准备撰写这本书，曾经读过所有我能找到的有关这些主题的资料。包括有“迪克斯”报纸信箱回答，其它如离婚法庭的记录、双亲杂志，以及多种著名的作品。同时，我还雇用一位受过训练的人去研究、探索，他花了一年半的时间，在各图书馆中阅读我所遗漏了的资料，探究各种心理学的专著，看了很多杂志的文章。此外，还阅读了不少伟人的传记，为的是要找出各时代大人物是如何处理与人交往的。

我们读过各时代的伟人传记，读过那些伟大人物的生平记事，自凯撒到爱迪生都有阅读过。单单罗斯福的传记，我就收集了一百多本。我们决定不惜任何时间、金钱，都要找出自古以来，任何为人所用过的，关于交际和影响他人的意见和方法。

我曾经亲自访问过世界著名的成功人物，尽量从他们身上找出他们在人与人关系上所运用的方式。

通过对这些资料的整理，我创作了一篇简短的演讲稿，题目

是“如何交友和影响他人”。起初这篇文章是短的，后来将里面内容扩展，现在已是一篇需要用一小时又三十分钟时间的演讲稿了。这些年来，我几乎每一年都在纽约的“卡耐基研究院”中，把这篇讲稿说给他们听。

我演讲，他们听。在演讲的时候，我会告诉他们交际的经验，然后回来在讲习班讲，并让那些运用这些交际方法的人说出自己的经验，和所得到的成就。这是一项很有趣味的课程！这些学员急于自我改进，对这种在一个新式实验室工作的想法感到非常高兴，这是为成人所设的第一个，也是唯一的一所人类关系研究的实验室。

这本书并不是在一般写作情形下完成的，而是像孩子那样成长起来的。它是从实验室中生长起来，后由数千成年人的经验总结而产生的。

许多年前我们把一套规则印在还没有明信片大的一张卡片上；到了下一次开班的时候，我们印在一张比过去较大的卡片上；最后，我们印了一本小册子；再最后是一套小书。每次尺寸、范围都会加以扩大和充实，经过十五年的试验和研究，才形成了现在这本书的规模。

我们这里所定的规则，不只是理论或是揣测，而是已经经过实践的证明了。听起来似乎无法相信，可是这些定理、方法的应用，确实改变了不少人的生活和习惯。

这里就有这样一个例子。有一位拥有314名员工的老板，加入了讲习班。在此之前，他不加限制，毫无顾虑地驱使、批评、斥责自己的员工。至于仁慈、道义和鼓励从没有从他的嘴里说过。在研究这部书中所讨论的原则后，这位老板骤然改变了自己的人生观。而他负责的这个公司里，也出现了一种忠诚、热忱、合作的精神。他原来那314个“仇敌”，现在变成了314位朋友。

他在讲习班的一次演讲中得意地说：“以前我在办公室走路的时候，没有人向我打招呼，我的员工们看到我走近，马上就会扭过脸去。现在，他们都是我的朋友了，甚至连外面看门的在我上下班的时候，都会喊着我的名字向我问候！”

这位老板现在的盈利更多了，而且他还有了更多的业余时间，更重要的是他在工作和家庭中，获得了更多的快乐。

有很多的推销员运用了讲习班上学到的方法，大大提高了他们销售业绩。有许多过去无法争取到的客户，现在也成了他们的新客户。公司机构的高级职员，不但升职了，而且还加薪了。上一期的一位学员说，由于实行了这些原则和方法，使他年薪增加了五千元。另外一位费城的煤气公司高级职员，由于不能巧妙地引导别人，据说已有被降职的危险。可是经过这项训练后，他不但没有被降职，同时上司还给他升职加薪了。

在课程结束时的聚餐会中，一些太太们对我说，自从她们的丈夫参加这项训练后，她们的家庭更美满幸福了。

哈佛大学一位颇有名气的教授威利姆·贾姆士曾这样说：“如果跟我们应有的成就作个比较，我们只是朦胧半醒的状态，我们只是利用了自己一小部分的能力。我们还有更多的潜力，可是我们总是习惯性地不加以利用。”

激发潜伏在你身上的那些你习惯地不加以利用的潜力是这本书唯一的目的，就是帮助你发掘它、利用它，以便能让你取得巨大的成就。

看完这本书的前三章后，你对应付生活的规范，还感到一无所知或懵懵懂懂，甚至不敢采取这样的方法。那么，至少对你来讲，我认为这本书是很失败的！因为教育最大的目的是育人，它不仅是求知识，而且是实际的行动。

这就是一本需要看过就去实践的书！

这篇序言就像一般的序言，只是稍微长了些，现在言归正传，请看第一章。

目 录

第一章　成事的技巧

第二章　受人欢迎的秘诀

第三章　赞美与欣赏

第四章　优美而令人愉快的谈吐

第五章　快乐的心境

第六章　使自己精力充沛

第一章

成事的技巧

指责人的技巧

1931年，那是一个受金融危机肆虐的一年。那一年，警方围捕“双枪杀手”克劳雷的行动，让纽约市民身亲经历了一场惨烈的枪战。

那一年，纽约市出现了一位历史上最凶残的杀手，他叫克劳雷。他冷酷无情，杀人不眨眼。

故事发生在一个乡村小路边上，克劳雷开枪射击一名女交警，使女交警丧命。整个过程是这样的：有一天，克劳雷和情人开车在乡村小路上行驶，女交警拦下他们，并要求其出示驾驶执照。于是克劳雷掏出手枪，惨案就此发生了。最后，警方查到克劳雷就在他女友的公寓里，于是一百多名警察包围了克劳雷女友的公寓。就在那里，整个公寓以及附近，都被媒体和民众所关注，大家都觉得这里将要发生大事，都想目睹这个事情的经过。于是，一时间成为了焦点之地。

在克劳雷情人的公寓，警察架起了数挺机关枪，都叫哇哇地打算把这个混蛋打成马蜂窝。但是，仅持两把手枪的克劳雷在里面誓死顽抗，警方一时拿他没办法。警方在屋顶凿了个洞，试图用催泪弹把克劳雷逼出来，结果都毫无作用。没办法，警察只好强攻。此时，安静的公寓楼里，如战争片的场景一般，枪声不断。市民们站在警戒线外，像在电影院里一样，目睹了一场真实的“枪战片”。

最后，胜利的当然是警察。几个月后，被俘的克劳雷被送上法庭，面对愤怒的市民，克劳雷依然没有说自己是坏人，但是愤怒的市民实在无法理解一个人怎么能坏到这种程度，于是纷纷要求判处克劳雷死刑。

尽管如此，克劳雷依然不承认自己是坏人。

警察调查时发现了一封信，这封信是克劳雷在枪林弹雨的围捕中写的一封公开信，信上还沾有他的血。克劳雷在信中说：“在我的衣服里面，是一颗疲惫不堪的心，一颗仁慈的心，一颗不愿意伤害别人的心。”

试想一下，无缘无故对一个女警察开枪，且其理由仅仅是女交警要求其出示驾驶照，这样的人竟然说自己拥有一颗不愿伤害别人的心！这是一种什么心理呢？

不仅在书信上表示自己不是坏人之外，在坐上电椅受刑的克劳雷也没有因此而认罪，而是说：“我只是在自卫，自卫有什么错？

你们竟然这样对我！”

看看，克劳雷犯下了令人发指的罪行。他对自己竟没有一丝一毫的责备，反而认为别人对他过于苛刻。这实在让人难于理解。

我们再来看一个人。

黑社会头子卡旁，是美国的头号公敌，其犯罪团伙跨越多个州。在法庭上他辩解说：“我一生都在为他人奋斗，使他们过得幸福愉快，而我得到的却只有屈辱，我这样的一个好人竟然遭到搜捕！”

还有，一片名字被人称为“纽约之鼠”的舒尔克也对记者说：“我只是在造福大众。”

以上这些十恶不赦的大坏蛋，为什么这么坚决地说自己不是坏人呢？

我认识一位叫劳斯的监狱长，他在监狱工作多年。劳斯告诉我：“监狱中很少有罪犯会承认自己是坏人。他们就跟你我一样，可以为自己的所有行为找到相当合理的解释。他们会告诉你，为什么要撬别人的保险箱，为什么要开枪杀人。总之，他们都能得出这样的结论为他们被关在监狱里而辩解。”

以上所有的例子可以得出这样一个普遍的情况：连这些十恶不赦的歹徒都不反省自己的过错，何况是作为普通人的我们？

史金莱是闻名遐迩的心理学家，他曾用动物做过一项实验，结果表明，因为坏行为受到处罚的动物，学习的速度和持续性会比一般动物要差很多；而一些受到奖励的动物，其学习速度很快，持续性也很强。而一些对此感兴趣的学者，对人类也进行了研究和实验，最后发现这个原则也同样适用于人类身上。也就是说，指责他人不但不会让他人奋发向上，反而会导致他人更加心灰意冷，从而步入恶性循环。

另一位心理学家希尔说：“生活告诉我们，每个人都惧怕被人指责。”

已故的纳梅格也说：“三十多年前我就感悟到，责备他人是件很愚蠢的事。”

是的，他们说的都没错。指责是没有用的，指责只会引起羞愤，让对方的情绪更加低落，对对方没起到半点积极性的作用。

德国军队规定，所有的士兵不得立即申诉刚发生的某一事件，如要上诉，就得带着满腔的愤怒睡一晚，直到第二天怒气消去了才能申诉，否则就要受到处罚。

俄克拉荷马州一家建筑公司有位安全检查员叫约翰，他的工作内容是：检查工地上的工人是否按规定戴好安全帽。

刚开始工作的时候，约翰若看到没有按规定戴安全帽的工人，就会严厉地批评对方。对方虽然当着约翰的面戴上了安全帽，但是过后，又把安全帽摘下来了。当其他工人看到有工人不戴安全帽的

时候也跟着不戴，于是工地上不戴安全帽的工人越来越多。

约翰实在没办法，他思索了很久，最后决定改变方式。他决定不再批评不按规定戴安全帽的工人们了。而是用商量的语气询问：“是不是帽子尺寸不合适，还是身体不舒服啊？”除此之外，约翰还会用愉快的口吻提醒工人戴安全帽的重要性。久而久之，工人们也不对戴安全帽反感了，于是不戴安全帽的工人也越来越少了。

历史上，这样的例子很多。

罗斯福和塔夫特总统的一段争论就是一个典型。

1908年，塔夫特在刚卸任的罗斯福总统的极力支持下，成功当选为总统。塔夫特当选为总统后，便去非洲度假。塔夫特度假回来后，罗斯福指责塔夫特因循守旧，表示准备组建独立的政党，自己应当连任第三任总统，后悔当初支持塔夫特。在这样的情形下，共和党几乎到了分裂的程度。正是因为党内起了斗争，从而让民主党的威尔逊抓住了机会，最后入驻了白宫。

其实，罗斯福指责塔夫特，塔夫特会真正地自责吗？当然没有，塔夫特反而会说：“我不知道我做的一切错在哪儿。”

20世纪20年代，哈丁总统在任的时候，美国发生了一件震动了全国的贪污案。哈丁委派内政部长胡佛主管两个地方的租赁事宜，而胡佛要去的这两个地方，其相交处有块油田。当时，这块油田是美国计划用在海军储备用油上的。胡佛一到这个地方，就开始把开

发油田的生意介绍给了他的朋友做，连招标都没有进行。胡佛由此得到了十万美金的回报。但是这样得来的开发权，肯定引来其他油田开发者的反对，但是胡佛竟然用他的职位权力，调动美国海军把其他的竞争者赶走。竞争者忍无可忍，在全国民众面前揭露了这桩贪污案。丑闻一出，立刻轰动了全美国，当然，也毁了哈丁政权。最后，胡佛当然受到应有的惩罚。然而，面对铺天盖地的指责和抨击，阿尔伯特·胡佛并没有自责和忏悔过。

数年后，郝波特在一次公开演讲中隐喻性地说："哈丁总统的死，是由于好朋友的出卖。"

阿尔伯特·胡佛的妻子听说后，生气地说："什么？阿尔伯特·胡佛才是被朋友给出卖了。"

我们从这些例子中可以真实地看到了人性的弱点。其实，我们每个人都有着这样的弱点，而这人性的真实弱点其本质是——做错了事，首先想到的是怨天尤人，批评指责别人，却绝对不会自责。

虽然我们有着这样的弱点，但是我们要时时提醒自己：你批评别人，不一定会伤害到别人，但最后一定会伤害到自己。就好比，批评是你喂养的鸽子，最终会飞回自己家里。所以，当我们要批评他人的时候，我们一定要多想想以上所说的例子，想想那些犯了错误还不认错的人。

1865年4月15日，林肯咽下最后一口气时，陆军部长史丹顿说

道：“躺在这里的是世界上最完美的元首。”那是一个星期六的早晨，林肯奄奄一息地躺在简陋的公寓里，床旁边全是军政要员，大家都在默默地为他祈祷，在林肯即将去世的那一刻，谁也说不出自己的悲痛到底有多少。可见，林肯得到了别人的认可。

那么，林肯为什么能得到这样的评价？他与人打交道的秘诀是什么？

我曾用十年的时间撰写了一部描写他的书——《林肯人生的另一面》，书中研究了林肯的一生。我专门找出关于林肯待人接物的方法，并作了仔细研究，并查阅了大量关于林肯的资料，我自信我对他的人格、家庭生活的研究，比任何人都详细、到位。

林肯年轻的时候是一位特别喜欢指责他人的人。那时，林肯一有机会就写信公开评论批评他人。甚至批评人的那股劲上瘾，把写的讽刺信件扔到路上故意让路人发现。在林肯当律师期间，他仍然喜欢嘲笑、公开抨击反对者。因为批评人的尺度太大，1842年闯下的一场大祸，也是因为一篇讽刺文章而导致的。

1842年的秋天，林肯写了一篇文章讽刺政客希尔斯，讽刺其自命清高，并迅速使希尔斯成为全镇人的笑柄。希尔斯知道这件事之后当然大怒，于是很快查出文章是谁写的。找到林肯之后，他决定和林肯决斗。林肯当然不会不迎战，为了面子，林肯同意了决斗，还专门找了一位西点军校的毕业生学习剑术。决斗约期那天，林肯

和希尔斯相约在密西西比河畔，双方摆开架势，准备一决生死。最后没有因为决斗而导致有人伤亡，因为有人阻止了他们。

这次决斗，让林肯刻苦铭心。试想一下，如果没有人及时阻止，恐怕会酿成大错，因为当时的林肯，体魄良好，且还有很好的剑术，试问希尔斯会不会死在他的剑下？想到这些，林肯悟到了一个极宝贵的教训：从此以后，不再嘲笑、指责他人，也不再为任何事批评他人。因为嘲笑和指责根本解决不了问题，反而把问题严重化。

林肯经常用这样的座右铭提醒自己：不轻易地评论他人，他人就不会轻易地评论你。

在南北战争时期，北方军队陷入被动，那时人民纷纷指责林肯，认为是林肯派人不谨慎、用人失察才导致的后果，因为那时候林肯派出去的将领，接二连三地出错。而林肯却始终保持缄默，很少为自己辩解，也没有把责任推给部下。而是选择了宽容地忍受着这一切。但是林肯的妻子却做不到忍受这一切，她极力谴责妄议者。林肯劝说他的妻子，说：“不要指责他们，我们处在他们那样的情形下，也会这样做。”

还有一件事让我们看到林肯先生的宽容与大度。

先从1863年7月的一天晚上讲起。当时，林肯的部队正在与南方军誓死拼搏中，最后，南方军在盖茨堡战役中受挫，不仅如此，

在撤退时还遇到了一条河，而且当时还连日大雨，河水猛涨，让他们进退两难。林肯心想，这是消灭南方军的绝佳机会了。如果此时趁机猛攻南方军，南方军队一定会土崩瓦解，南北战争就可以提早结束。于是林肯立即向前线米得将军发去电报，命令："不必召开军事会议，立即行动，攻击南方军队。"

可是，米得将军没能理解林肯的意思，也没有完全执行林肯的命令，相反，他慢吞吞地召开军事会议，拖延了不少时间。结果，河水退去，南方军队顺利撤离了险境。让这场围剿计划彻底落空。

林肯知道这一情况后当然很是发怒，但他只能对着自己的儿子大声叫喊："老天，他们在干什么？眼看我们就要胜利了，可他们竟然不听我的命令，这是什么意思？这个时候的南方军队，我要在那儿，我都能轻易地把他们消灭干净。"

此外，林肯还针对此事写了一封信给米得。从书信中我们看不到了林肯往年的那股爱讽刺、批评人的犀利笔锋，原文是这样的：

亲爱的将军：

我相信你知道这次南方军队逃脱的后果有多严重，结束内战的机会就这样被你轻易放走了。现在好了，战事将会无限期地延长下去。上星期一那样的天时地利，你都没能击溃敌人，你又怎么保证接下来的战斗会打败他们呢？我已经不敢对你抱太多的期望。这次痛失良机，我现在深感遗憾。

看到这封信之后，你是不是觉得林肯已经很大度了？没有问罪米得，而只是说说而已，这在军事方面是不是太小的惩罚了。但是更让我们惊讶的是，林肯的大度不仅仅如此。且继续看下去。

其实，米得将军从没有看到过这封信，因为林肯并没有把它邮寄出去。这封信是在林肯去世后，从他的文件中找到的。

当时，林肯写这封信的时候情景是这样的：“他望着窗外沉思起来，他心想‘等等，或许实际情况并不是我想象的那样。我坐在这里发号施令，固然是一件轻松的事，可是，前线的将军和士兵们呢？如果，我像他们一样，时刻面临着食物的匮乏，身边还每天都有战友死去，耳中不停地回响着战斗中的哀号，恐怕我也不会轻易地进攻吧。说不定我做的还不如米得将军呢。现在事情已经如此了，责备他又有什么用？如果我责备他，他反过来辩解，然后我们俩吵起来，逼得他离开军队，岂不是得不偿失？’”

于是，林肯没有把信寄出去。

尖锐的指责和批评是没有任何效果，这是经验告诉我们的。

罗斯福总统说过：“在我任职期间，遇到难以解决的问题时，我就会把座椅往后面一靠，仰起头，朝着写字台壁上那幅很大的林肯画像看去，我会问自己，如果是林肯，他将如何去解决这个问题呢？”

从罗斯福那里，我们可以找到这么一个办法：如果我们想要指责他人时，请从口袋里掏出一张五元的钞票来，因为上面有林肯的

头像，看着林肯总统的头像，问自己：“如果是林肯，他会怎么去处理这个问题呢？”

谁都想自己周围的人有所改变，从而适从自己的意愿，但是谁能百分百让人改变得了呢？不能，所以我们还是要从自己本身开始改变。因为改变自己是最容易的，从自私的立场来说，改变自己比改变别人获益更多。

其实，我年轻的时候，很喜欢出风头。举个例子吧，年轻的时候，有一次，我曾给一位极负声誉的作家写过一封信，其实我只是想要他告诉我一些写作方法而已。

但是，没想到数星期后对方竟然给我回信了，信头注明：信乃口述，并未过目。

我知道对方一定是一位大忙人，要不然不会加注的。我当然不忙了，但是为了引起对方的注意，我在信头加注后，又给他寄去一封信。

之后，对方原原本本地把信退回去了，然后在信头标注：“你如此恶劣的态度，只会加剧你原本恶劣的人生。”

是的，我做错了，我应该受到更加严厉的批评，活该。但是，当时我并不觉得我活该，反而本能地痛恨对方批评我。这份痛恨一直延续到对方去世的时候。我知道，这是我羞于承认自己的错误才这样做的。

所以，在这里我敢说，如果你想在这辈子被人痛恨，不断地批评人就可以了。但是谁想这辈子是为了被人痛恨呢？要记住的是，我们不是完全理性的动物，而是感性的人，情感变化幅度很大，所以很容易有自负的、虚荣的心理，这样对方会因为你的批评而讨厌你，而不是客观地去想对还是不对。

批评是危险的炸弹，引爆时甚至会置人于死地，这样的例子并不少见：哈代是英国著名小说家，因受到苛刻的批评而放弃写作；受到人们批评的富特将军，自尊心受到打击，郁郁而终。

但是，卡特丹，英国的一位诗人，年轻的时候口齿并不伶俐，而后来他却成为善于与人打交道的外交大使。他成功的秘诀是什么呢？其实很简单，就是：我从不说别人的坏话，我只说别人的好话。

不信你仔细观察，一般情况下，喜欢批评他人的人都不聪明，只有愚蠢的人才会不停地抱怨、指责、批评他人。所以，我们要学会宽容，学会提高自控能力。卡莱尔曾说过："君子的伟大是在对待小人的行为中体现出来的。"

有一名试飞驾驶员叫鲍勃·胡佛。在一次试飞的过程中，引擎出了问题，差点丧命天上，幸好他技术过关，最后紧急迫降，安全着陆，但是飞机已经面目全非了。之后，胡佛查出是因为用油的保养不到位，于是叫来了机械师。机械师见自己闯下这么大的祸，见

到胡佛眼泪都掉下来了。周围的人都以为胡佛会破口大骂，但是胡佛只是握住机械师的肩膀说：“为了证明你不会再犯错误，明天帮我保养我的另外一架飞机。”

是的，我们应该尽量做到了解别人，学会换位思考，而不是轻易地指责对方。

约翰博士说：

了解他人就是宽恕。在末日来临之前，上帝不会评论任何人。

我们为什么又要轻易地指责他人呢？从现在开始，让我们记住，能成事的三大处事技巧之一就是：不轻易指责他人。

批评人的技巧

当你想批评人的时候，要尽量设身处地去为他人着想，想想对方为什么要这样做，然后理解别人为什么这么做，而不是用责骂的方式去对待对方。不批评和责怪他人比起批评责怪他人要有益、有趣得多，而且对方还会感激你，觉得你善良，赋予同情心。

一个公司需要做一个宣传报道，于是请了位记者过来。这位记者当然也收了公司的钱以及礼物，所以公司方面自然是希望这位记者给予报道，把公司推广出去。

事情谈好后，事后许多天都过去了，可是一直没见这位记者做什么报道。有一天，该公司的一位公关小姐在一个巧合的机会里遇到了这位记者。公关小姐并没有责怪这位记者，而是给予理解和肯定地说："没关系，办成一件事不容易，我们仍然要感谢您的努力。直到现在您还想着这件事，这就是对我们公司的关心和支持！欢迎您以后常来坐坐。"

记者当然因为公关小姐的一番话感到内疚，本以为对方会狠狠的责怪他，想不到对方这么宽容、大度。于是下决心给这个公司快点把新闻稿发出去。

如果对方责怪记者，或者很直接地说了一些很伤人自尊的话，到最后估计双方的关系就只能选择“一刀两断”。所以，有理的时候也不要随便埋怨和责怪他人，相反，你要包容他人，他人就会尽力去配合你。

下面是一位父亲写给他儿子的信：

听着，孩子，我有一些话要说，虽然，你睡得正熟，你的小手掌压在脸颊下，你的额头微湿，蜷曲的金发贴在上面。因为我刚才在书房看报的时候，内心不断地受到苛责，终于带着愧疚的心情偷偷溜进你的房间，来到你的床前。

很多时候，孩子，我常常对你发脾气：早上你穿好衣服准备上学，胡乱用毛巾在脸上碰一下，我责备你，你没有把鞋子擦干净，我责备你；你乱扔东西，我也是牛气地对你吼叫。

吃早餐的时候，我常骂你打翻东西、吃饭不细嚼慢咽、把两肘放在桌上、奶油涂得太厚等等。等到你离开餐桌去玩，我也准备出门，看到你转过身，挥着小手喊：“再见，爸爸！”我仍皱着眉头回答：“肩膀挺正！”

到了傍晚，情况还是一样。我走在路上，偷偷观察你：看见你

跪在地上玩玻璃弹珠，脚上的长袜都磨破了。我不顾你的颜面，当着别的孩子的面叫你回家。并对你吼道，长袜子是很贵的，你要穿就得爱惜一点！想想看，孩子，这话居然出自为人之父的口里！

记得吗？就是刚才，我在书房里看报，你怯怯地走过来，眼里带着惊惶的神色，站在门口踌躇不前。我从报端上望过去，不耐烦地叫道："你要什么？"

你不说一句话，只是快步跑过来，双手搂住我的脖子亲吻。你小手臂的力量显示出一份眷恋，那是上帝种在你心田里的，任何漠视都不能使它凋萎。你吻过我后就咚咚咚地跑上楼。

孩子，就在那时候，报纸从我手中滑落，我突然觉得害怕。我怎么养成了一个坏习惯啊！挑错、呵斥的习惯——这就是我对待一个小男孩的方法！孩子，不是我不爱你，只是我对你期望过高. 不自觉地用自己的年龄标准去衡量你了。

其实，你的本性里有许多真善美！你的小心灵就像刚从山头升起的阳光一样无瑕，从你天真自然、不顾一切跑过来亲吻、道晚安的动作我深深感受到了这一切，孩子，今晚其余的一切都不重要了，我在黑暗中跪到你床边，深觉愧疚。

这是一种无力的赎罪。我知道你未必懂得我所说的这一切。但是，从明天起，我会认真地做一个真正的父亲！要和你结为好朋友，你痛苦的时候同你一起痛苦，欢乐的时候同你一起欢乐。我会

每天告诉自己："他只不过是个男孩，一个小男孩！"

我实在不该拿成人的生活习惯来要求你，孩子，像我现在看到的你，疲倦地蜷缩在床上。记得昨天你还躺在妈妈的怀里，头靠在妈妈肩上，我要求的实在太多太多了。

其实，因批评或者抱怨而引起的羞忿，常常使雇员、亲人和朋友的情绪大为低落，并且对应该矫正的现实状况，一点好处也没有。了解就是宽恕，宽恕根源于爱。

从现在开始，请你记住待人处世的第一大原则：不要批评、抱怨他人。

很多离婚家庭之所以离婚，其真正的原因是彼此运用了太多无用的、令人心碎的批评。

很多时候，家庭问题往往是无休止的批评或埋怨造成的。男人的性格和习惯上有许多不尽完美之处，如粗心大意，不拘小节，自尊心强等，这些不尽完美之处，就更需要妻子的宽容与理解。

本是一个温和女子的玛丽，刚结婚时，面对丈夫的一些小毛病，唠叨和指责使原本平静的家庭充满了火药味。

有一次，丈夫取柜子上的一张报纸时失手打碎了一只花瓶。丈夫变得怅然若失起来，看着散落一地的花瓶碎片，说不出是心疼还是彷徨。因为这花瓶是结婚时朋友送的礼物，夫妻俩都十分喜爱。由于打碎了一只花瓶，原本一对的花瓶只好变成孤孤单单的一只站

着了，看着好凄凉。

玛丽一看花瓶被打碎了，怒气冲天，开始破口大骂："你怎么搞的，连个花瓶都拿不住？你还有什么用啊？"

丈夫神态由惶然变成冷漠，由冷漠变成了愤怒："我不行。我什么都干不了！我连个花瓶也不如！好，我赔你，你去和花瓶过日子吧！"

"你打碎了花瓶还有理了？你有没有搞错！"

"我又不是故意的。"丈夫申辩道。

"整天毛手毛脚，一点儿也不懂得爱惜东西。"玛丽越说越有劲。

"你有完没完？"丈夫看来已忍耐到了极点。

"你还敢顶嘴？"

"我不知爱惜东西，我是败家子，我会把这个家败光。明天我还要摔了录音机，后天我把电视也砸了！"

较劲较到这个份上，任谁也不好收拾了。

玛丽气得只好一走了之，然后去了好友艾丽丝的家。

艾丽丝的丈夫见客人来了，慌忙钻进厨房。不一会儿，他就端上来一只还在滚着的砂锅，屋里顿时弥漫着一种温暖的气氛。

突然，闻见一股焦糊味，砂锅下的桌子冒起了一缕白烟。原来是艾丽斯的丈夫的砂锅被烧了，水都烧没了，没及时撤离火炉。这

回好了，砂锅放在桌子上，连桌子也烫出了一个印。

见此，玛丽暗想：“这位书呆子可要招一顿骂了。”

她知道，艾丽丝那张嘴可从来不饶人，可是玛丽想不到的是，艾丽斯不但没生气，反而大笑起来：“哈哈……你真不愧是搞美术的，竟在桌子上做出了这么漂亮雅致的图案。好，太好了！”

艾丽丝的丈夫知道是自己的错，于是不好意思地露出笑容，说：“哎呀，你这个活宝，桌子都被我弄坏了，你还有心思开玩笑，都怪我……”

艾丽丝却嘻嘻笑着打断了丈夫的话：“这样更好，旧的不去，新的不来嘛！”

玛丽看呆了，她心里有股说不清的滋味。事后，玛丽问艾丽丝：“你当时就不心疼那桌子吗？”

“怎么不心疼！但是我知道他心里更不好受，他不仅心疼，还有一种过失感，所以肯定比我难受。如果我还一味地责怪他，他会更加受不了。”

作为妻子，艾丽丝是位懂得如何爱丈夫的人。其实，在家庭生活中，大部分的家庭成员的过失属于“好心办坏事”或是无意识的疏忽，如果双方都能给予安慰和理解，双方的关系就会更加融洽，快乐。

狄斯累利和伟大的格莱斯顿在公职生活中是一对最难缠的对

手。两位对于在帝国之下的每一件能够争辩的事物都相互产生冲突，斗争不已。但是谁也没能想到，他们彼此的私生活却很幸福和快乐。狄斯累利和凯瑟琳·格莱斯顿在一起生活了59年，他们一直相互热爱。你能想象得到，这位英国最威严的首相格莱斯顿，轻握着他夫人的手，和她在火炉边的地毯上跳着舞，唱着这首歌：夫衣褴褛，妻衣亦俗；人生浮沉，甘苦与共。

其实，格莱斯顿能如此幸福地跟狄斯累利在一起生活，完全是因为格莱斯顿的宽容与大度。

格莱斯顿，在公开场合中是一位令人敬畏的人，在家里同样也是，因为他有个习惯，即永远不批评人。比如，当他到楼下要吃早饭的时候，全家的人还在睡觉，他就以委婉的方式来表示他的不满：提高了声音，唱着不知其名的圣歌，声音充满整个屋子，以告诉其他家里的人，全英国最忙的人已经自己一个在楼下等着吃早饭了。

格莱斯顿保持着外交家的风度，体谅人的心意，并强烈地控制自己，不对家事进行批评。

假如你要维持家庭生活的幸福、快乐，请记住这条规则：“不要批评对方。”

赞美人的技巧

一句真诚的赞美，将会产生友谊的火花。任何人，在被称赞的情况下，比如在批评的情况下，更能成就伟大的事业。所以说，人类天性中最本质的驱动力量是“受到重视”。请牢记“受到重视”这句话。

苏联心理学家曾经做过这样一个实验：

科学家们从一班大学生中挑出一个这样的女同学，这位女同学的相貌、气质、学习成绩各方面表现都一般，于是内心有点自卑，所以大家都不太喜欢她。于是科学家们特意安排她的一些同学，并教这些同学对这位女同学不断给予喜爱和赞扬。

从实验的那天起，因为同学们纷纷对这位女同学表示出某种好感，并纷纷说她有很多可爱之处。有人送她回家，过生日了，有人跟她一起过生日，总之，每个同学都尽量发现和赞扬这位女同学的闪光点，并极力从内心认定她是个聪明美丽的姑娘。结果你猜怎么着？不到一年的时间，这位原本平凡、自卑的女生，变得自信开朗、爱说爱笑，学习成绩成为全班名列前茅的同学。这位女同学简直像获得了新生。

这是为什么呢？

我们来看看她是怎么说的："我遇见的每一个人，或多或少是我的老师，因为我从他们身上学到了东西。在你每天的生活之旅中，别忘了为人间留下一点赞美的温馨，这一点小火花会燃起友谊的火焰。"

是的，赞扬的确能给人带来温暖，它能迅速让一个人变的开朗，自信，有活力。

鼓励和赞扬真的有这么大的魔力吗？请摸着自己的胸口，回想一下自己曾经得到某种赞扬时的感觉，回忆一下那种美好、那种温馨，你自然明白这其中的力量。

对孩子来说，父母的注意和赞赏是最令他们高兴的。然而，在日常生活中，我们常常忽略"赞赏他人"这种美德。比如，我们忘了赞赏儿女的学习成绩；我们忘了赞赏和鼓励孩子们第一次烤蛋糕。

有两家小商店，这两家店的生意绝然不同。一家生意兴隆，另一家却惨淡经营，最终不得不关门大吉。后来有人分析了这两家

店，店面、货品、位置都差不多，为什么这两家店竟然产生如此不一样的结果呢？这值得让人去深思。

经过仔细观察才知道，生意兴隆的那位老板是个热情的人，所以，她的处事方式为他赢得了生意上的益处。这位热心肠的老板喜欢赞美他人，这是她感觉到最骄傲的。每次，她都能够恰倒好处地赞美客人，让客人的心里美滋滋的。这样，每位客人都愿意到她这里来得到心理满足，而她店里的生意也自然兴隆起来。比如说：她会赞美一个小孩“你真聪明！你真乖！”；赞美年轻妇女“你越来越漂亮了！”；赞美年轻小伙子“唉，听说你很体贴家里，又很能赚钱呢！”；赞美老年人说“您真是好长辈，那么细心地照顾家人。”

我们都喜欢与赞美自己的人相处。所以，对赞美自己的店家，会对他有份亲切的感觉，都愿意与他交往。因此，店家的赞美可以很快拉近彼此之间的距离。所以，店家的生意得到很多人照顾。

卡耐基先生自己有过这么一个故事：他在纽约的一家邮电局寄信，邮局的职员很不耐烦，卡耐基为了自己的信件快点邮出去，于是，卡耐基看着他，很诚恳地对他说：“你的头发太漂亮了。”

那人抬起头来，有点惊讶，脸上露出了无法掩饰的笑容。

那位职员谦虚地说：“哪里，不如从前了。”

卡耐基对他说：“这是真的，简直像是年轻人的头发一样！”

职员听到这样的话，当然高兴了，于是很快帮卡耐基办完了手续。

如果你想学会待人处世，那就请记住：真诚地赞赏他人。

重视人的技巧

成功的人际交往在于你捕捉对方观点的能力。俗话说，知己知彼百战百胜，要做到成功地和人打交道，就要善于捕捉对方的观点。

设身处地为他人着想，了解他人需要什么，你就不用担心自己的未来。

我喜欢钓鱼，所以从钓鱼这件事上，我知道了一个道理。从我个人的喜好来说，我喜欢吃杨梅和奶油，但是你以为鱼也喜欢吃你喜欢吃的那些吗？如果你这么想就大错特错了。水里的鱼爱吃小虫。所以，当我每年夏天去缅因州钓鱼的时候，我绝对不会放我喜欢吃的食物去钓鱼，而是放小虫子，这样才能钓到鱼。

钓鱼时如此，很多人都知道这个道理，但是你为什么不用同样的常识，去对待一个人呢？“钓鱼“和“钓人“是一样道理的。

路依特·乔琪有一句话说的特别好，他说：“如果他做对了一

件事的话，那就是他在钓鱼时放了合适的鱼饵。”这是路依特·乔琪为什么在其他战时领袖们都退休后，他还能身居权位的原因。

反过来，我要问问大家：我们为什么只关心自己要什么呢？而不去关心别人要什么呢？

或许，在你看来，这是不近情理的想法，但实际上却是这样啊，我们无法摆脱这个质问。是的，无可否认，每个人最关心的永远是他自己，也只喜欢谈论与自己切实相关的话题，不仅你这样，别人也这样，所以，我们全部人所关心的也只是他们自己。

为什么要提到我们的需要？是的，大家都只注意自己的需要。所以，只要我们改变一个方法，就能找到一个方法可以影响人，那就是提到他们的需要，并且让他们知道怎么去获得，这样你的语言就能影响到他人的内心了，这是真正的影响。

在这里，我要严肃地对你们说：“记得在说话的时候说对方的需求。”

举个例来说，我们怎么才能做到说到对方的需求呢？这是激起对方欲望的一种方式。比如，假如你不想你的孩子抽烟，千万别唠唠叨叨地说一番大道理，而是这样告诉他就行了：“如果你继续抽烟，你以后可能进不了棒球队了（反正就是抓住孩子的内心需求，他喜欢唱歌就说抽烟的话，以后就唱不了歌）。”

有个例子：一天，爱默生和儿子正想把一头小牛推进谷仓里，

但是小牛怎么也不肯进去。原因是，爱默生他们犯了一个错误，即只想到自己的需要的错误，爱默生的推和儿子的拉，都只是想让牛进入谷仓，但是他们没想到牛需求的是什么，没错，牛需要的是草。所以小牛拒绝前进，坚持不肯离开牧草地。有个爱尔兰妇女见了，她把自己母性的指头放进小牛嘴里，一面让它吸吮一面轻轻地把它推入谷仓里，以此吸引小牛走进谷仓。你看，这位爱尔兰妇人虽然不会写什么散文集，但是比爱默生更懂得小牛的需求是什么，怎么运用小牛的需求去完成自己的需求。

是的，我们能让对方心甘情愿地为我们做事，那就最好不过的事情了。

可是，为什么这么多人这么无知呢？为什么时时刻刻只想着自己的需要呢？到头来，我们自己的需要，除了我们自身以外，没人会真正在意。而且我们还会浸染其中，不能自拔。

那么，就从改变这一切开始，注意他人的需求。

记住，从今以后，如果你想要别人为你做什么，就应该先满足别人的需求。以前的你，可以这么说，从你来到世界上的第一天开始，你的每一种举动、出发点都是为了你自己。如果你能真正做到为他人需求去考虑问题，你的事情也会顺利地进行了。

当然了，你可能认为向红十字会捐助100美元，难道这也是也了自己？是的，你还是因为个人的需求而做这件事：你捐给红十字会100美元，是因为你要行一桩善举，得到一份好名声。

欧佛瑞教授所写的《影响人类行为》中这么说道：“行动是由我们的基本欲望所产生的。对于想要说服他人的人，最好的建议是：无论在商业、家庭、学校、政治中，都要先激起对方某种迫切的需要。若能做到这点就可左右逢源，否则势必到处碰壁。”

从人的本性来说，人都是自私的，这点说的有点偏激，但的的确确是这样的，自你降生到这世上，你所有的行为都是为了满足自己的需求，包括你向红十字会捐赠衣物。总之，你的捐献行为是源于你的需求。所以，我们要认真去思考如何才能给人真正的需求，满足他人的欲望，用他人的欲望来实现自己的目的。

上文提到欧佛瑞在一本书里说过的一句话，就是“行动是由我们的基本欲望所产生的。对于想要说服他人的人，最好的建议是：无论在商业、家庭、学校、政治中，都要先激起对方某种迫切的需要。若能做到这点就可左右逢源，否则势必到处碰壁。”

下面这人的做法就跟欧弗瑞说的一致。

早年的安德鲁·卡耐基家境贫困，当时的他，每小时才有两美分的收入。可是，后来他有钱了，他却给人捐了三亿多美元。安德鲁·卡耐基是在他大学四年间学会如何跟人打交道的。

记得几年前，安德鲁·卡耐的嫂子为她的两个儿子忧急成病，而着急的原因是，他的两个孩子在耶鲁大学念书的时候竟然忘记了

家里的来信，以致他们经常不回信。也可能是学业太忙，反正就是他们忘记了给家里回信了，导致安德鲁·卡耐的嫂子心情不好。安德鲁·卡耐知道后，于是给他的两个侄儿写了封闲谈的信。但是，这份闲谈的信有些特别，他在信末还附言说：“我给你们每人寄了五美元。”但是，安德鲁·卡耐没有真正把钱装入信封，当他侄子收到信守，发现信封里没有钱，于是很快回信，问怎么回事。你看，这下这两位耶鲁的学子不就给家里回信了吗？

所以，你可以试着这么去做，明天你需要劝说某人去做某事时，不妨先问问自己：“我要怎样才能让他心甘情愿地去做这件事？”

这个问题可以防止我们到头来白忙活的事情发生。

有一次，我租用一家饭店大厅用丁演讲。但是当我们的票和通知都发出去的时候，饭店突然给我通知说，要我们预付比原价高三倍的价格。三倍啊，这可是有一些不舍得的，但是我该如何跟他谈呢？我想了很久，去到了饭店经理的办公室。

我对那位饭店经理说：“今天接到了你们的电话，我非常震惊。但是想想，我怎么能怪你们呢？换做是我我也会这么做，因为你们是在为饭店的利益考虑。另外，如果你们不这么做，很有可能你会被撤职。但是，我真的老实告诉你，我们应该来分析一下涨价后给你们带来的利和弊。”

说完这句话后，我拿出一张纸，划出一条线将其一分为二，一边写上“利”，另一边写上“弊”。

我接着说：“空下的大厅可以租给其他人，比如跳芭蕾舞的，租金会比我的贵一些。或许，在这期间你还能走运碰上一笔大生意。再让我们看看你的损失。我的演讲是一个系列的，总共有二十多天。你能保证这二十多天你都能租出去吗？你不仅少了我这二十多天的租金，更重要的是来听我演讲的都是受过教育的知识分子，而他们正是你们酒店的目标客户。这可是一个打广告的机会。你们打广告花了多少钱我不清楚，但是我相信是一个比较大的数额。”

我把写着“利”和“弊”的纸推到他面前，并告诉他尽快出决定，然后我就走了。

第二天，果然，饭店经理通知我说租金只加50%，而不是三倍。大家看一下我谈判的过程，要值得注意的是，在整个过程中我并没有对经理说我要求减少租金。我只是扮演一位帮助经理思考的人，然后帮他分析其中的利弊。反过来，如果我像常人一样怒气冲冲地去找经理理论，随后要求减少租金，然后告诉他你的票已经发出去了，结果只能不欢而散，而我的演讲也就没有了。

福特曾说：“要做到成功地和人打交道，就要善于捕捉对方的观点。看一件事，不光要站在自己的立场上，还需要兼顾对方所处的角度。”

请你牢记这句很有道理的话，并学会运用。

这个道理很简单，但是毫无疑问，绝大多数人在绝大部分时间里，都疏忽了这个原则。我给大家举个列子。一个货运站的站长写信给我的一个学员，内容如下。（括号里面是我注明的一般人的反应）

贵公司：

由于我们货运站规模很大，货物中转量大。（你规模大有什么好炫耀的，不就是一个破货场吗？）并且大部分客户的货物都是在傍晚到达，这样就导致现场混乱、效率低下。（这关我什么事？我又不是股东。）

为了我们管理的方便，希望贵公司原定于11月10日傍晚到达的货物能够提前到当日上午到达。（凭什么为了你的方便，就要我改变原来的计划？我正忙得要死呢。）这样贵公司的货物就能够及时中转，运输车辆也能迅速返回，提高贵公司的效率。（恐怕是为了你们所谓“管理的方便”吧，还假惺惺地装作为我们考虑呢。懒得理你，我就不早上送来。）

从这封信来看，对方首先考虑到的都是自己的需求。如果，我们在这封信上改一下，效果会怎样呢？（括号里面仍然是我们一般人的反应。）

贵公司：

多年来，贵公司一直是我们欢迎的好主顾。感谢贵公司对我

公司的惠顾，我们也乐意为贵公司继续提高质量、高效率的服务。（我们之前的合作的确挺不错的。）

但是，我们非常抱歉地通知贵公司，你们原定于11月10日傍晚到达的货物，由于当天午后将会有大量的货物到达，可能会影响到我们货场给贵公司提供高效率的服务。因为同时到达的货物太多，可能会造成拥堵，我们对此感到非常遗憾。（对方都这么诚恳了，再说这也不能全怪他们啊。）我们将尽量避免此种情况，如果可能的话，希望贵公司的货物能够在上午到达，这样我们便能快速地处理好贵公司的货物，避免傍晚的拥堵。（让我来看看安排，提前出发没问题，这是好事啊，多亏他们的提醒）。

当然，无论你们的货物何时到达，我们都会尽我们最大的努力给贵公司提供最优质的服务。（我挺理解你们的。）我们知道贵公司业务繁忙，请不用急着回这封信。（不行，我得马上告知你们，我们的货物上午就到。）

很多勤奋的推销员成果寥寥，这让他们灰心、沮丧，为什么会这样呢？答案是：他们没有了解对方的真正需求。总以为自己推销的别人肯定需求，但是有常识的人仔细想想就应该知道，谁有需要还会呆呆地呆在家里等你上门推销呢？

有一次，我买完房子后，刚好遇到一位搞装修的人，于是我上前问他我这房子是框架结构还是砖混结构，谁知道他也不清楚。

当时他向我索要了一张名片。之后他一直给我打电话，向我推销装修，我始终没答应。你知道这是为什么吗？因为对方一直都没有了解我的需求。

在这个激烈竞争的市场中，无私、乐于助人的人总能取得成功。因为照顾到他人的真正需求。

美国商业领袖之一的欧文说过这样的一句话：“设身处地为他人着想，了解他人需要什么，你就不用担心自己的未来。”

因此，如果你想要成就大事，你就必须重视他人的需求。

征求他人意见的技巧

洛里是一家医院的主管。他的医院需要引进一台光学仪器。由于采购的事就由他来负责，很多厂商派出了自己的推销员，把洛里医生团团包围。每个推销员都称自己的仪器是最好的，因此洛里很犯难。

一位X光仪器制造商，运用同样的技巧，把一批机械仪表，卖给他们医院，获得一笔很高的利润。那么，这位X光仪器制造上是怎么做到的呢？

他写了一封信，给那家医院的洛里医生。

这封信的内容是这样的：

洛里医生：

敝厂最近完成了一套X光仪器，这种仪器的第一批货，已运来我们办事处，可是不敢说十分完善，所以我们很想再加以改良。所以如果你能抽个时间，来我们这里参观一次，并告诉我们，如何才

能使其更适合你们事业上的应用，我们非常感激。我知道你平时工作繁忙，请你告诉我你指定的时间，我很愿意派车来接你。

是的，这样以后，洛里医生就去那家厂家了，结果就促成了交易。

之后，洛里医生在我的补习班上说出这件事的经过："我接到那封信后，感到很惊讶，不但出于我所意料之外，同时也很高兴。从来没有X光仪器制造商会征求我的意见，这次使我觉得受人重视而且感到很光荣。那一个星期，我每晚都很忙，可是我取消一个约会，特地去看那套新的仪器。当时我愈看心里愈喜欢。"

最终，洛里医生向医院建议购买这家厂商的仪器，并且在洛里医生向医生报告时还这样说道："没有任何人强迫我买，我觉得替医院购进那套仪器，完全是我的意思，我认为那套仪器很好，就决定买下来。"

这是一个很好的例子，一个懂得把别人的计划当成自己的计划的人，往往能促成很多大的交易，并完成一些你想要达到的目标。

我们再来看一个例子。

当威尔逊在白宫时，郝斯上校对内政和外交上有很大的影响。

所以，威尔逊总统信赖郝斯上校，所有重要的事都跟他商量，他受到威尔逊总统的重视，还在内阁成员之上。

郝斯上校用了什么方法，而能影响威尔逊总统到这种程度?

很侥幸的，郝斯上校在一次偶然的机会中，曾对司密斯透露过，而司密斯在星期六晚报中的一篇文章上，引用了郝斯的话。

郝斯曾经这样说："我认识了总统以后，渐渐地发觉，使他信从一种意念最好的办法，就是不经心地将这意念，移植到他的心里，使他感到兴趣，并且让他自己去思索。这种方法第一次发生效果，是因为一件令人感到意外的事。我曾去白宫拜访他，劝他采取一项政策，而这项政策，他似乎并不十分赞同。数天后，在一次聚会中，我很惊讶地发现威尔逊总统说出我那项建议来，并且表示那是他自己的意思。"

郝斯上校是否立即打断总统的话，指明那是他所提出的意见，而不是总统的意见？不，没有，郝斯上校绝不会那样做，他并不在乎居功，只问结果。所以他让总统继续感觉到，那是他的意见，而且还公开赞佩总统的睿智。

我们要记住，我们明天所要接触的人，也许就像威尔逊总统那样，所以我们要用郝斯上校的方法。

懂得跟人合作是一件极其重要的事情。一个懂得跟人合作的人往往能提升自己的实力好几倍，因为合作往往都可以达到一加一大于二的效果。

我跟大家说个关于我的故事吧。

数年前，纽勃伦司维克有一个人，就用了这个方法，而得到了

我的光顾。

那时，我计划去纽勃伦司维克钓鱼、划船。我写信给旅行社，打听那方面的情形，顺便请他们替我安排。

显然，我的姓名、住址，已被列入一份公开的名单中，所以我立刻就接到该地野营和向导所写给我的信件、小册子等。

那时我不知道该选择那一家才好。后来，有一位野营主任，做了一桩很灵巧的事。他送给我几个他曾经招待过的，住在纽约的人士的姓名和电话号码。他请我打电话给他们，自己去调查他在野营时所服务和供给的情形。

我很惊讶地发觉到这项名单中，有我所认识的一个人。我就打了个电话给他，打听他那次野营的经过情形。我有了答案后，就再打电话给那位野营主任，告诉他我的行程日期。

虽然别家的野营主任，都以真诚的服务，希望我光顾他们，可是只有那位野营主任，我甘心接受他的服务。

所以说，你要想得到他人的合作，就要让对方自愿地服从你的意愿。他人怎么会自愿地服从你呢？办法就是征求他人的意见，让他人参与到你的计划中来。这样，他就会觉得你的计划就是他的计划，他自然就会尽心竭力地去做你想要他做的事。

所以，你要影响别人而使赞同你，第六项准则是：征求他人的意见。

激发他人高尚动机的技巧

我们每个人都有一个弱点，那就是每个人的行事都有两个好理由：一是看起来很好；二是的确很好。但是，这些弱点可以让我们相互可以利用。

我们每个人的内心都将自己理想化，都喜欢为自己行为的动机赋予一种良好的解释。因此，如果我们要想改变他人，就应该诉诸一种高尚的动机。

有这么一件事：

一位妇女抱着小孩上火车，车上位子已经坐满，而这位妇女旁边，一位小伙子却躺着睡觉，占了两个人的位子。孩子哭闹着要座位，并指着要那个男青年让座，而小青年却假装没听见。这时，小孩的妈妈说话了："这位叔叔太累了，等他睡一会儿，就会让给你的！"

几分钟后，青年人起来客气地让了座。

这位妇女之所以能成功，妙就妙在她顺势制宜，对那位青年人采取了尊重礼让的方法，给他设计了一个“高尚”的角色：他是一个善良的人，只是由于过度劳累而无法施善行。趋善心理使小伙子无法拒绝扮演这个善良的角色。

一位建筑公司的女主管，为了让员工与客户对自己的工作有更深的见解，她常常会送书给客户以及员工，有时更会为自己的客户收集一些资料，她希望建立给员工的想法如同自己的一句话：“努力赚钱，是为了有能力去做善事。”这一句话可以消除疲劳，激发他人的高尚动机，并且将集体的斗志带到最高点。

有位汽车营业员在卖车时，突然拿出一条纯白的手帕，铺在客户那台本来就想换的破烂车辆前，然后客气地说：“请让我为您的车检查一下”。旋即钻到车底下，不久后，他边拍着沾满泥土的手帕边说：“一切都好”。当客户看到那条被弄得肮脏不堪的手帕时，心里不禁十分感动，同时也对这位营业员的细心体贴而感激不已。本来他不想马上换车的，但看到这位业务员有这么好的服务精神和态度，有这么好的付出心态，想来跟他买车绝对不会错，当下就决定换一辆新车。那名营业员常常运用这种技巧，靠顾客对他的感激之情来从事推销，大大提高了个人的销售业绩。他是该行数一数二的汽车推销员。

这些故事告诉我们这些道理，人们的内心多少存在着高尚的动

机，只是人们没有成功地激发人们的那些动机，于是在隐藏在内心而已。如果我们成功激发对方的高尚的情怀，我们就能在交流上更上一层楼。

米苏里州的一个小乡镇，附近有个卡梅镇，那就是我的故乡。另外再补充说明，卡梅镇就是当年美国匪魁“奇斯贾姆斯”的故乡，奇斯的儿子还在那里。

奇斯贾姆斯的儿媳妇告诉我：“当年奇斯抢劫银行、火车；然后把抢来的钱，布施给贫穷的邻居，让他们去赎回典押出去的田地。哎，我好怀念他。”

在当时奇斯·贾姆斯的心目中，可能自以为他是个理想家，这跟两代以后的苏尔滋、“双枪”克劳雷和卡邦一样。他们都觉得自己是最厉害的，是个理想家。

事实确实是如此，凡你所见到的人，甚至你照镜子时所看到的那个人，都会把自己看得很高尚，他对自己的估计，都希望是良好而不自私的。

银行家摩根，在他一篇分析的文稿中说：“人每做一件事，都有两种理由存在，一种是好听的，一种是真实的。”

比如我们捐钱给红十字会。好听的理由是，我们是在支持公益，是在做慈善。真实的理由是，我们反正不缺这点钱，花一点小钱买一个好名声是值得的，即使不被别人赞扬，至少也买了个安

慰。

这就是人的本性。我们不能责怪他人的私心，但是我们可以利用他人的私心来让其做事。如果人们会时常想到那个真实的理由，而我们都是自己内心的理想家，较喜欢想好听的动机。所以要改变一个人的意志，需要激发他高尚的动机，我们就能改变一个人的行为。

这种方法用在生意场上也很有效。

那种方法，用在商业上是否理想?

让我们来看看。那是宾夕凡尼亚州，某家房屋公司的一位“弗利尔”先生的例子：

弗利尔有一个不满意的房客，恫吓要搬离他的公寓，但这房客的租约，尚有四个月才期满，每个月的租金是五十五元，可是他却声称立即就要搬，不管租约那回事。

弗利尔讲出这经过的时候，他说：“那个房客，已在这里住了一个冬季。我知道如果他们搬走了的话，在这个秋季前，这房子是不容易租出去的。我眼看二百二十元，就要从我口袋飞走了。真叫人焦急。

如果这件事发生在过去的话，我一定找那个房客，要他把租约重念一遍……并向他指出，如果现在搬走，那四个月的租金，仍须全部付清。

可是，这次我采取了另外一种办法，我开始向他这样说：“杜先生，我听说你准备搬家，可是我不相信那是真的。我从多方面的经验来推断，我看出你是一位说话有信用的人，而且我可以跟自己打赌，你就是这样的一个人。”

这房客静静地听着，没有作特殊的表示，我接着又说：“现在，我的建议是这样的，将你所决定的事，先暂时搁在一边，你不妨再考虑一下。从今天起，到下个月一日应缴房租前，如果你还是决定要搬的话，我会答应你，接受你的要求……”

我把话顿了顿，再接着说：“那时，我将承认自己的推断完全错误……不过，我还是相信，你是个讲话有信用的人，会遵守自己所立的合约。因为，到底我们是人，还是猴子，那就在我们自己的选择了。”

果然不出我所料，到了下个月这位先生自己来缴房租。他跟我说，这件事已跟他太太商量过，他们决定继续住下去。他们的结论是，最光荣的事，莫过于履行租约。

是的，如果我们能做到我们希望的事，就应该真诚地去做我们希望做的事情，这些事情是出于内心的关怀，而并非虚伪的得到。

可见，我们每一个人的内心都把自己理想化，都喜欢为自己行为的动机赋予一种良好的解释。因此，如果我们要想改变他人，就应该诉诸一种高尚的动机。

第二章

善待他人

迎合他人的兴趣

因为每个人都有各自不同的兴趣和爱好，所以，只要你能找到对方的兴趣、爱好是什么，就能以此为突破口，说到他的心坎上。所以，与人沟通的诀窍就是：谈论他人最为愉悦的事情。

有一房地产公司，要聘请一位特别著名的园林设计师为本公司的一个大型园林项目作设计顾问。于是总裁的公关助理负责了聘请的事情，但所要聘请的那位设计师已退休在家多年，性情清高孤傲，一般人很难请得动他。这可为难了总裁公关助理。

公关助理心想，还得先从设计师的喜好开始入手，于是公关助理开始了解这位老设计师，最后得知，老设计师平时喜欢作画，于是便花了几天时间读了几本美术方面的书籍。

时机成熟了，总裁公关助理来到老设计师家。刚到老设计师的家，老设计师对他态度冷淡，这时，公关开始施展他的公关能力了，他发现老设计师的画案上放着一张刚画完的国画，于是便边欣赏边赞叹道：“老先生的这幅丹青，景象新奇，意境宏深，真是好画啊！”

公关的这么一番话，让老设计师顿时感到愉悦，同时流露出点自豪感。

公关助理又开始接着老设计师的话继续，就这样，进一步激发了老设计师的谈话兴趣。如此地，现在老设计师的态度彻底转变了，话也多了起来。于是，公关助理与老设计师越聊越投机，两人的感情也越来越近。最后，公关助理提出请老设计师出任公司的设计顾问，老设计师二话不说，便答应了出任公关助理所在的公司的设计顾问。

是的，共同的爱好、兴趣，能让人彼此的友情有一条纽带。比如，都爱下棋，在路边棋场相识，相互成了棋友；都爱垂钓，在湖边相识成了钓友……共同的东西把彼此召唤到一起，最后结下了友谊。

共同的兴趣让两人投缘的例子很多。

比如，一所学校，校内有一条清幽的小道，早上曾经常有人来这里散步。正好，一位教练和一位教员每天都在这里散步，他们相遇之后，自然而然地边走边聊，聊多了，最后他们了解到彼此都爱好写作，于是他们就针对写作这一爱好交流了起来。他们彼此虽没有物质的交往，却都觉得受益非浅，渐渐成了好朋友。

另外还有一个例子。

有一对青年男女恋爱，姑娘的父亲是高干，小伙子不仅人精明能干，长得亦潇洒，但家在农村，故而，当姑娘对父亲提起这个小伙子时，其父以为门不当，户不对，便断然拒绝，但是小伙子有他的办法改变女友父亲的执拗。于是他问女友：“你父亲有何爱好？”

女友说：“我父亲爱下棋、喝酒。”

这下好了，小伙子以后同姑娘去她家时，一去便提一两瓶好酒，于是每次去女友家，小伙子都会跟女友的父亲一边喝酒一边下棋。如此一来，两人便无话不谈，成为了朋友，彼此的信任感也建立了起来。就这样，女友的父亲喜爱上了这个年青人。不到几个月，姑娘的父亲觉得这个小伙子很对胃口，于是答应把女儿嫁给他。

小伙子成功了，但是他的成功妙招妙在哪里呢？妙在他善于投其所好，取得对方的信任。整个过程是这样的：他是通过姑娘，先知其父之所好，然后投其所好，抓住契机，取得了老丈人的欢心，最后达到了目的。其实很多时候，我们都可以运用这个过程来完成很多事。

我们来分析一下；为什么要了解他人呢？其目的是了解对方的价值取向和兴趣点。这样才能更好地迎合对方。如果你不了解对方

的兴趣点，只顾自己好心好意地关心帮助对方，也许对方并不感兴趣。所以，你一定要了解他人的兴趣点，必须把对方认为重要的事情摆在前面，迎合他，这就做到了你关心他的兴趣所在了。这样还体现出你对他的了解和理解，这是一种理解，也是一笔巨大的感情储蓄，有了这个储蓄，我们就能在情感上达到共识，进一步达成相互的信任。

在这里我要问一个问题，我们为什么不向世界上最善于交友的动物学习呢？那么这种动物又是什么呢？

这种动物你几乎每天都可以遇到。当你走在大街上，你便可以看到它，当你走近离它十尺左右时，它会很乖地跟你摇摇尾巴。如果你停住脚，轻轻拍拍它，它会很高兴地跟你撒欢，它是这么喜欢跟你在一起玩。而它这么喜欢跟你玩，并没有什么企图，既不是想要你给它一块地皮，也不是想要跟你结婚。

有些动物如果想要生活就得有一定的付出。比如母鸡要生蛋、母牛需要付出它的奶水、金丝雀要唱歌……你有没有想过，狗是唯一不需要为你做什么的动物？一条狗不需要付出任何来维持它的生活，它能做到的只有“爱”。是的，我说的正是狗。

试想一下，只要对人示好，就能活下去，这是不是一个很有意思的话题？

记得，我五岁的时候，父亲给我买了一条小黄狗，只花了五毛

钱。我给这条小黄狗取名为迪贝。要知道，这条迪贝给我童年带来了光亮和欢乐。每天下午四点左右，小黄狗就坐在大门前等我，当它听到我回家的声音，就会像一支箭般地快速蹿上小山，高兴地跳着、叫着来欢迎我回家。

迪贝做了我五年的好朋友……那是一个夜晚，距离我不到十尺远的地方，它被雷电击死了。迪贝的死，成为了我童年时代的一幕悲剧。

我的小黄狗，迪贝，它从来没有读过心理学，也没有去参加过任何培训班。由于它的机智，懂得如何关心别人，所以他赢得了我对他的关注。

是的，人类何尝又不是这样？如果你也跟迪贝一样处处对别人感兴趣，关注他人，而不是只想让别人关心你，对你发生兴趣，那么，你这两个月里所交的朋友要比你以前两年的时间里所交的朋友还多。所以，我们可以这么说，人的终身所犯的错误，就是他只想别人关心他，而不主动去对人关注，不对别人感兴趣。

再说，你祈求别人去关注你，是不会有什么结果的，因为人们不对你或者我发生兴趣，其他人也跟你一样，不会对任何人发生兴趣，他们只关注自己，想着自己的需求。

纽约电话公司曾经做过这样一项调查：给五百个人打电话，在电话中，发现用的最多的字是“我”，在五百次电话谈话中，曾出现了三千九百九十个“我”字。

另外，我再举个例子，当你看到一张里面有你的照片时，你最先想看到的是谁？没错，肯定是先关注你自己。

除非你是先关心了别人，不然别人为什么对你发生兴趣、关心呢？

请你拿出笔，把下面的话记下来：如果我们只是想使人注意，使人对我们发生兴趣，我们永远不会有很多真诚的朋友，真正的朋友不是那样造成的。

拿破仑和约瑟芬最后一次相聚时，他说：“约瑟芬，我曾经是世界上最幸运的人，然而在这时候，你是这世界上我唯一信任的人了。”

然而，在历史学家的眼光里，拿破仑并非真正信任约瑟芬。从拿破仑的这个故事我们可以知道，人们往往不会主动去关注别人的，全都是想着自己，关注自己的。

维也纳有位著名的心理学家叫阿得洛，他在一本叫《生活对你的意义》的书上这么说过：“一个不关心别人，对别人不感兴趣的人，他的生活必遭受重大的阻碍、困难，同时会给别人带来极大的损害、困扰，所有人类的失败，都是由于这些人而发生的。”

我曾在纽约大学选修短篇小说著述法的课程，这期间，有一位著名杂志的编辑这么说过：“我每天可以收到很多小说，我随便

在桌面上拿起其中的任何一篇，只要看上几段后，就可觉察出作者是否喜欢别人……如果那作者不喜欢别人，那么别人也不会喜欢他的作品。现在我要告诉你们的，如同你们听牧师讲的一样，可是，别忘记，你如果要做一个成功的小说家，你必须先对别人发生兴趣。”

为人处事跟写小说是一回事的，也同样需要你去关注他人，关心他人，对他人感兴趣，这样才能活得更好。

塞斯顿是位成功的魔术家，他惊人的魔术绝技，折服了无数的观众，约有六千万以上的观众看过他的表演，而使他有二百万元的收入。他在百老汇献技时，我去他化妆室拜访过他，我们促膝谈了一个晚上。

那天晚上，我请塞斯顿先生谈谈他成功的秘诀，他说：“我之前在学校的教育，跟我眼前的成功完全没有关系，我幼年时就离家出走了，成了一个飘泊流浪者，偷乘火车，睡在草堆上过夜，挨家求乞。由车窗观看铁路两旁广告，让我认识了几个字。但是我的魔术的确是最棒的。”

那么，为什么塞斯顿先生会这么成功呢？是他有高人一等的魔术知识？塞斯顿先生回答的很坚决：“不！”

那是为什么呢？

因为塞斯顿先生有表演的人格，他懂得人情。他每一个动作

姿态，说话的声调，都经过事前严格的预习，他举止敏捷，反应灵活，分秒不差。

除此以外，塞斯顿对他人有纯厚的兴趣，他告诉我：“许多魔术家，看着观众而对他自己说：‘这些傻瓜、乡巴佬，我要好好地骗他们一下。’可是我就完全不是那样，我告诉你，每次当我上台时，必先对自己这样说：‘我要感谢这些捧场的观众，他们使我获得舒服的生活，我要付出最大的力量，做好这场表演。’每逢他走向台前时，就会对自己这样的说：‘我爱我的观众，我爱我的观众。’”

所以，无论你是谁，不要只想着别人关注你，关心你，你要花更多是精力去关注别人，对别人感兴趣，这样你的生活才能得到更好的幸福。

真正地关心人

如果我们想广交朋友，就要先去关心别人，先为别人做些事情。这是我个人的经验，即只有你真正关心他人，才能赢得他们的注意和合作。

有一次，温莎公爵到南美旅游。受到了当地人民的深切爱戴。为什么呢？出发前，他花了几个月时间学习当地的语言，为在当地公开演讲做足了准备。

苏门·亨克夫人告诉我这样一件事："我不顾贫困，忍的住伤心，我的一生充满了悲剧，有一次，甚至还想抱着我的孩子一起自杀，虽然遭遇到这样恶劣的环境，可是，我还是把自己所喜爱的歌唱，继续演唱下去，你也看到了，最后我成为了一位轰动一时的格纳式的歌唱家。"

当我问有什么秘诀时，苏门·亨克夫人自己承认，她成功的秘诀，是对"人"深切的关心。

罗斯福总统的成就是惊人的，他受到人们的欢迎，连他的仆人们也都敬爱他。

罗斯福总统的黑人侍从叫爱默士，他曾写了一本关于罗斯福总统的书，书名是《西道尔·罗斯福心目中的英雄》，书中有这么一个故事：

有一次，爱默士的妻子因为没有见过鹑鸟，于是问总统：“美洲鹑鸟是什么样子？”

罗斯福总统不厌其烦地告诉了爱默士的妻子，要知道，一个总统不厌其烦地跟一个下人说一件事，那是很少见的。

没过几天，爱默士家里的电话铃声响了，那时候爱默士和他的妻子住在罗斯福总统牡蛎湾住宅内的一所小房子里。刚好总统在他的房间看到了鹑鸟，于是给爱默士家里打去了电话。当时是爱默士的妻子接了电话。罗斯福总统在电话里告诉她：“现在窗外正有一只鹑鸟，如果你向窗外看去，就可以看到了。”

这样关心一桩小事情，正是罗斯福总统的特点之一。

另外，爱默士还记得，无论什么时候，当罗斯福经过爱默士的屋子外面时，总能听到总统如此亲切地跟人打招呼：“嗨，爱默士、嗨，安妮！”

你说，像这样一位主人，谁会不喜欢呢？

有一天，罗斯福进白宫去见塔夫特总统，而刚好正值塔夫特

总统和夫人去外面了。老罗斯福就在白宫里等，顺便跟白宫的那些“下人”聊天，他是那么真诚地喜欢与那些底下人聊天。老罗斯福对白宫里所有的旧役佣人，甚至做杂务的女仆，都能叫出名字问好。罗斯福看到女佣人爱丽丝在厨房里，于是问她是不是还在做玉米面的面包。爱丽丝告诉他：“是的，做给佣人们吃的，楼上的都不吃了。”

罗斯福听了大声说：“那是他们没有口福，我见到总统时，把这件事告诉他。”

罗斯福接过爱丽丝的面包，边走边吃的走向办公室，经过园丁、工友旁边，每每向他们一一打招呼。罗斯福和他们每一位亲切地打招呼、谈话，一点架子都没有，就像他做总统时一样。

罗斯福去白宫见总统那一天，让许多人很留恋他的到来，有位老佣人，眼里含着泪水说：“这是我这几年来最快乐的一天，如果有人拿一块钱给我，叫我失去这一天，让我那天不见罗斯福先生，我无论如何都不会换。”

是的，罗斯福是一位注意关心他人的人，正因为这样，所以他获得了人们的拥戴。试想，一个不去关心别人的人，又怎么能获得别人的拥戴呢？

很多名人都注意到这点，所以他们成功了，我还举一个例子，这是一个关于依利亚博士处世待人的例子：

有一天，有个大学一年级学生叫克列顿，到校长室借用五十元钱还学生贷款款项。事后，克列顿这样说：“我拿到钱后，心里非常感激，正要走出办公室时，依利亚校长把我叫住，我还记得校长跟我说过的那些话，他说‘你请坐一会儿……听说你在宿舍里亲手做饭吃，如果你吃得适宜、充足，我并不以为那对你有不好的地方，我过去在大学时，也这样做过……’我听来感到很意外，他接着又说‘你有没有做过肉饼，如果把它弄得又烂又熟的话，那是一道很可口的菜，过去我就喜欢吃这个菜。’之后，校长详详细细地说出肉饼的做法。”

是的，哈佛大学校长依利亚博士，对别人的问题，有深刻的关心和兴趣，所以他会受到学校里每一个师生的爱戴。

关心他人要真诚，这和其他人际关系的原则是一样的。当然了，不仅付出关心的时候应该这样，接受关心的时候也理应如此。它是一条双向道，如能做到这样，双方都会受益。

想跟别人做朋友？那么就要真诚地先为别人做些事情，比如一些需要花时间、精力、体贴、奉献才能做到的事情。因为这样，别人才能感觉到你的真诚。

玛吉的朋友们都说她像阳光一样温暖，是的，她是一个受到大家普遍赞扬的女人。当我问玛吉为什么大家这么喜欢她的时候，玛吉给我讲了这样一件事：“多年前的一天，那是一个天都要塌下来的一天，我接到了一个不幸的消息，我哥哥、嫂子及他们的孩子都在一次车祸中丧生了。”

“母亲在电话中悲哀地请求道‘快过来吧’。当我听到这些的时候，我被这一打击弄晕了，我失去了自主，不知接下去该做些什么，只会在屋里来回走着。”

“现在回想起来，实际上要做的事情很多，买机票，整理行李，托人照管房子等等，这些都需要当时立刻要执行的事情。”

“后来，许多朋友得知这个消息后，纷纷给我打来电话，几乎每个人都说‘如果要我帮忙的话，请告诉一声。’”

“当时，我心里乱得很，根本静不下来做任何一件事。就在这时，门铃响了，我朋友唐娜的丈夫金站在走廊上，他说‘我是来帮你们刷鞋子的。’”

“我当然不知道金这句话是什么意思，正当我感到困惑的时候，他解释说‘记得我父亲去世时，我花了不少时间来涮洗孩子们要去参加葬礼的鞋。’”

“就这样，金把孩子们的、我和丈夫的脏鞋拿到身边，默默地刷着鞋子，看着他的背影，我身上顿时有了力量，我禁不住流下眼泪。这一下，知道接下来该做点什么了，我开始一件一件做那些迫近眼前的事情。”

“这件事给了我很深的教育，从此当朋友们需要我时，我会很真诚地给予他们帮助，而不是打一个含混的电话说‘如果有什么事要我帮忙……’”

玛吉的故事告诉我们这样一个道理——人与人之间的真诚关心，会让对方深刻地认识到对方的真诚，说十万句不如做一件事。是的，想要获得真挚的友情，就要给予热情的帮助，这就是我们与人相处时需要遵守的真诚美德。

在这里我再举一个例子：

我有一位同事，平常里，我的同事身体健康，精力充沛，在工作上也颇得心应手，单位内的人都认为他很有前途。可是，这一天，他显得心神不定，难道是家中发生了什么事？

是的，我可以看得出来，他虽然一直努力地抑制，也不说出来，可从他脸上流露出来的苦恼表情，我是可以看出来的。

当然，这件事让这位同事有些尴尬，因为一直坚强的他，怎么好意思让部下看到他脆弱的一面？于是他表面极力装得若无其事。但是，午餐后，他呆滞地望着窗外的眼神，他那迷惑惘然的脸色，完全失去了朝气。对于这种表情，我们不能不予以注意。你应尽你最大的设想，找出同事真正苦恼的原因，并对他说：“你家里都好吗？”

“不！我正头痛呢，我太太突然病倒了！”

“什么？你太太生病了！现在怎么样？”

"其实需要住院，医生却让她在家中疗养才感到诸多不便。"

"难怪呢！我觉得你的脸色不好，我还以为你有什么心事，原来是你太太生病了。"

"想不到你的观察力这么敏锐，我真佩服你。"

这回，这位忧愁的同事终于露出微笑了。是的，在人最需要的时候去安慰他，这才是做同事的人应有的体谅和善意。

同事由于悲伤，心灵呈现出较脆弱的一面的时候，我们不应再去刺激他，而应当设法让他悲伤的心情逐渐淡化，如果是上级的话，应及时消除他的尴尬。

同事的苦恼，在尚不为人知晓前，自己应主动设法了解。自然，这以后，他也会心甘情愿地帮你办事。视对方的情况办事，还有重要的一条是不能犯忌，如果犯了所求对象的忌讳，恐怕该成的事也难办成了。

如果你要别人喜欢你，或是改变你的人际关系，那么，请记住：真诚地关心别人。

真心地微笑

会微笑的人，永远不会贫。另外，微笑让人变得漂亮，因为微笑是最好的化妆品。

一个小小的微笑胜于一百句语言，对人微笑就是向他人表示：“我喜欢你，你使我快乐，我喜欢见你。”因为快乐不在乎外界的情况，而是依靠内心的情况，微笑往往是最内心的另一种语言表达方式。依靠动作来表达的一种语言方式。

弗莱奇在他的澳本海默和卡林公司的一则圣诞节广告中，是这样评价微笑的：

微笑在圣诞节的价值：它不花费什么，但创造了很多成果。它使接受它的人满足，而又不会使给予它的人贫乏。它在刹那间发生，却会给人永远的记忆。没有人富得不需要它，也没有人穷得不拥有它。它为家庭创造了快乐，在商界建立了好感，并使朋友间感到了亲切问候。它使疲劳者得到休息，使沮丧者看到光明，给悲伤

的人带来希望。但它却无处可买，无处可求，无处可偷，因为在你给予别人之前，它没有实用价值。

是的，微笑的作用太多了。假如你在圣诞节最后一分钟的匆忙购物中，店员累得无法给你一个微笑时，请问你还能在这家店继续够买商品吗？

给人留下良好的印象的方法是什么呢？因为每个人都渴望看到微笑，因此，给人留下良好印象的简捷方法是：微笑。

有一位作家曾写道："我要用笑声点缀今天，我要用歌声照亮黑夜；我不再苦苦寻觅快乐，我要在繁忙的工作中忘记悲伤；我要享受今天的快乐，它不像粮食可以储藏，更不像美酒越陈越香。笑邪恶，让它们远去；笑善良，让它发扬……"

美国有位黑人是某公交公司的司机。他是一个快乐的人，在公交公司开了6年的车，虽然并不富有，但是他每天都会哼着歌曲开车，他愿意把他的快乐传递给他人。尽管唱得不好，然而他却激情地唱，偶尔他会讲一两个笑话，反正他总有办法让乘客们都开心地笑起来。所以，整条公交线上的乘客都爱坐他的车。后来，以致有许多乘客专爱坐他的车，别的车不坐。

当然，没有人可以无时无刻都高兴得要命，但至少可以给自己或者给别人多一些微笑，因为微笑是世界上共通的语言，你传播微笑，得到的会是笑脸，一份快乐的心情。

我来给大家举一个例子：

威廉·史坦哈是纽约证券股票公司市场成功的一员，他年轻的时候是个让人讨厌的家伙，因为他脸上没有微笑，于是谁都不喜欢他。

后来，威廉·史坦哈决定，必须改变他的态度，要做到脸上有笑容。

于是，第二天早上梳头时，威廉·史坦对着镜子说："你得微笑，把脸上的愁容一扫而光，现在立刻开始，微笑。"

当威廉·史坦哈觉得脸上有笑容了，他突然转过身来跟他的太太打招呼："早安，亲爱的。"

这时，威廉·史坦哈的太太怔住了，惊诧不已。史坦哈说："从此以后你不用惊愕，我的微笑将成为寻常的事。"

就这样，两个月坚持下来了，结果，威廉·史坦哈的生活改变了，两个月中他的家所得的幸福比以往一年还要多。

现在，史坦哈对大楼的电梯管理员微笑。当他在交易所时，对那些从未见过他的人微笑。于是他发现每一个人都对他报以微笑。

史坦哈带着一种轻松愉悦的心情去同一些满腹牢骚的人交谈，一面微笑，一面恭听。

过去很讨人嫌的家伙，变成了一个受人欢迎的人。毫无疑问，微笑给史坦哈带来了许多的方便和更多的收入。

现在，史坦哈发现以前同别人相处很难，现在可完全相反，跟人相处容易多了。这一切都是微笑给予他的。

最近，我在纽约参加一次宴会看到一个人，那是一位拥有一笔不错的遗产的贵妇人。

这一天，贵妇人似乎急于要给人们留下一个愉快的印象，她花了很多钱买了貂皮外衣、钻石和珍珠。本以为这样可以给人留下多么愉快的印象，可是她失败了。

贵妇人失败在哪里呢？她就没有注意到自己脸上的表情。她那副脸色神情，显得那么刻薄、自私。那是她不明白男士们所赏心悦目的，是女士们表情中所表现出的那份气质、神态，而不是她那副雍容华贵的打扮。

司华伯曾经告诉过我，他的微笑，有一百万元的价值。

司华伯所暗示的或许就是这个真理。说的也很对，其实司华伯有他今日的成就，那是该归功于他的人格，他的魅力，和他那种特殊的能力。而在他的人格中，最可爱的因素，就是他令人倾心的微笑。

我再举一个例子：

有一次，我花了一个下午的时间，去拜访雪弗立，说实在的，我很失望。他沉默寡言，跟我想象中完全不一样………直到他绽开一缕微笑的刹那间，整个气氛才完全变换过来，顿时开朗了起来。

如果不是他那一缕微笑，恐怕雪弗立依旧在巴黎做他的木匠，继续他父兄的行业。

是的，一个人的行动，比他所说的话，更有具体的表现，而人们脸上的微笑，就有这样的表示：“我喜欢你，你使我快乐，我非常高兴见到你！”

同样的道理，为什么人们那么喜欢狗？因为它们那么地喜欢跟我们接近，当它们看到我们时，那股出于自然的高兴，它们会摇着尾巴，用舌头亲近你。所以人们也就喜欢了它们。你有见过一只狗垂头丧气吗？这些都是微笑，发自内心的真诚微笑。

那是不是说，我们一见到他人就该咧嘴而笑呢？

当然不是。微笑必须是发自内心的，那种不诚意的微笑是机械的、敷衍的。那是一种欺骗，只会引起人们的厌恶和反感。

那么，请记住：真心的微笑就是那种能在市场上赢得好价格的微笑。

重视他人的名字

记住他人的名字，会让他感觉到自己的重要。因为人们都重视自己的名字，想方设法地让自己的名字流传下去，甚至愿意付出任何代价。

如果，把一个人的姓名记住，很自然地叫出口来，这表示你已经对他有微妙的恭维和赞赏的意味。

记住他人的姓名，使他人感觉对于别人很重要，这是一种最简单、最明显、最重要的获得好感的方法。

名字是一个人的记号，在很多时候，名字给人某种特定的意义。比如，能否被人记住名字，代表着你是不是招人注意、喜欢。对于一个人来说，名字是所有语言中最突出，最动听的声音，清清楚楚地把它叫出来，就是对他的赞美，就会获得他人的好感。在西方，一名政治家要学习的第一课是：记住选民的名字就是政治才

能。

吉姆法里，一位四所学院授予他荣誉学位的学生，民主党全国委员会的主席、美国邮政总局局长。但是谁能想到，其实，他从来没有进过一所中学！但是他的人生的确很辉煌，在他46岁之前，就已经那么辉煌了。

那么，吉姆法里的成功的秘诀在哪里呢？他的本领在于——他有一种记住别人名字的惊人本领。

有人向吉姆法里请教：“据说你可以记住一万个人的名字。”

“不。你弄错了。”他说：“我能叫出五万个人的名字，我在为一家石膏公司推销产品的时候，学会了一套记住别人名字的方法。”

当别人问他怎么才能做到可以记住别人的名字呢？

吉姆法里说：“这是一个极其简单的方法。我每当新认识一个人就问清楚他的全名、家里的人口，当然了，还包括他是干什么行业、住在哪里。我把这些牢牢地记在脑海里。即使一年以后，我还是能够拍拍别人的肩膀，询问他太太和孩子的情况。”

难怪吉姆法里得到这么多人的拥护，他不仅记得别人的名字，还会记得别人的家人的名字以及做什么工作的，这样久而久之就把一个人的名字记熟了。

罗斯福得以当选为总统，吉姆法里也有很大的功劳。在竞选总

统期间，吉姆法里每天都要写好几百封信，然后给遍布西部和西北部各州的熟人寄去。当然了，因为他的熟人多，所以他跳上火车，19天内行程1200里。每到一处，都会有一帮人跟他一起吃饭，聊天、喝茶什么的，向他们倾吐一番“肺腑之言”，聊完了，吉姆法里继续下一站，从而给罗斯福以极大的宣传。结果是：他使得罗斯福获得了众多的选民，进入了白宫。

吉姆法里说：“记住人家的名字，而且很轻易地叫出来，等于给人一个美妙而有效的赞美。因为我很早就发现，人们对自己的姓名看得惊人的重要。”

这是人性的一个弱点，对自己的名字是如此重视。同时，我们应当意识到：如果你不重视别人的名字，又有谁来重视你的名字呢？所以，一旦有人被你记住他的名字了，他就会变得很高兴，也一定会记住你。

我在巴黎曾经组织过一个演讲术的讲习班，用复印机分函给居留巴黎的美国人。我雇用的那个法国打字员英文程度很差，填打姓名时就发生了错误。其中有个讲习班的学员，是巴黎一家美国银行的经理，我接到他一封责备的信，原来我那个法国打字员，把他的姓名字母拼错了，使他大为恼火。可见记住别人的名字是非常必要的，如果没记住，对你的人际交流的确是有影响的。

是的，要记住的是：一定要想办法记住别人的名字，这样对你

的帮助很大。

记住别人的名字还是远远不够的，要习惯叫出别人的名字，这样才能引起别人注意你。因为只有你叫出别人的名字了，别人才知道你记住了他。另外，叫出别人的名字还有一层更深的意义，因为当你叫出对方的名字的时候，一种亲切感会随着声音蔓延开来，一下就拉近了彼此的距离。

1898年，纽约洛克雷村发生的一桩悲剧。同一天举行了两个葬礼。

事情是这样的。那里有个小孩去世了，出葬的那天，村里的人，都去送殡，汇阿雷也是送殡行列中的一个。

汇阿雷去马棚里拉出马走在送殡的队伍当中。这时正值寒冬的时候，地上积了一层厚厚的雪。汇阿雷牵的那匹马关在马棚里已经有很多天了，这回可以出来溜达了，这马估计是过于兴奋，把两条腿高高的举起，很不幸，汇阿雷一不小心，让马给活活踢死了。所以洛克雷村，就在那一天，举行了两桩葬礼，这堪称悲剧中的悲剧。

汇阿雷去世后，留给他妻子和三个孩子的，仅是几百元的保险金。

汇阿雷去世的时候，他的长子吉姆只有十岁。吉姆为了家中的生活，不得不去一家砖厂工作，以此维持生计。所以，吉姆一直没

有机会接受正规的教育，连中学都没有经过。但是谁也没有想到，吉姆到了46岁，已有四个大学赠予他荣誉学位，之后又当选过民主党全国委员会主席，担任过美国邮务总长。

为什么？我们不禁问为什么。难道吉姆有贵人相助？还是有特别的技能？

都不是！吉姆虽然没有机会受更多的教育，但是他有爱尔兰人达观的性格，使人们自然地喜欢他，愿意跟他接近。最重要的是，他还逐渐养成了一种善于记忆人们名字的特殊才能。当然，每次都会很亲切地叫出对方的名字，这点，我觉得非常重要。

有一次，我专程去拜访了吉姆先生，其实去拜访他，是为了请他告诉我有关他的一些成功秘诀。我以为他滔滔不绝地说很多，但是谁知道他简短地告诉我："苦干！"

我对他这个回答，当然不会感到满意。所以我摇摇头说："吉姆先生，别开玩笑。"

他问我："你认为我成功的原因是什么呢？"

后来了解到，他不仅能记住上万个人的名字，他还会定期跟这些能叫出名字的人联系，叫出他们的名字，让对方听到。

他说："叫出对方的名字，这点很重要。"

吉姆说："一般人对自己的姓名，比把世界上所有的姓名堆在一起的总数，还感到重要和关心。把一个人的姓名记住，很自然地

叫出口来，你已对他含有微妙的恭维、赞赏的意味。若反过来讲，把那人的姓名忘记，或是叫错了，不但使对方难堪，对你自己也是一种很大的损害。所以，把别人的名字叫出来，叫准确了，别人会尝试去接近你。”

让他人感到自己很重要

人类本质里最深层的驱动力就是希望具有重要性，这是人人都希望得到的东西。但是，你要别人怎么待你，就得先怎样待别人。

美国学识最渊博的哲学家约翰·杜威说："人类本质里最深远的驱策力就是希望具有重要性。"

是的，每一个人来到世界上都想被重视、被关怀、被肯定，但是反过来也可以起作用，即当你满足了他的要求后，他就会对你重视的那个方面焕发出巨大的热情，并成为你的好朋友。这就是人性一个比较奇怪的现象。

有这样一则笑话：

有一个人请了四位同事到他家里吃饭，摆了一大桌酒菜。三个同事如约而至，但是有一位到快要吃饭的时候还不见踪影，主人在门口急得东张西望，望了又望，可怎么还不见他的另外一个同事来。

一个同事见宴请的人在门外等候，于是从房里跑出来安慰他不要着急。谁知这位老兄等着急了，于是随口甩出这么一句话：“该来的不来。”

旁边劝他的这位同事一听，感觉很不愉悦，心里想着：“他这么说，我岂是不该来的？”越想越不高兴，于是拨脚走了。

在屋里面等着的另一位同志见状，急忙出来好言相劝，但是为时已晚，刚才那位同事已经走远了。没办法，宴请的主人更是生气了，甩了甩袖子，又从嘴里蹦出一句：“唉！不该走的又走了。”

本来相劝的同事一听，立刻怒从心头起：“不该走的走了，那意思不就是该走的不走。好吧，别解释了，我走了。”

最后在屋里等的那位同事，急忙出来帮着主人挽留客人，但是这回还是没法挽回局面。再加上这位宴请的主人口才太滥，竟然又冒出一句：“我根本不是冲他们说的。”

最后那位客人一听：“噢，你不是冲他们说的，那不就是冲我说的吗？得，我也不留了，一起走吧！”

这虽是一则笑话，却深刻地反映了人们渴望被人尊重的心理，一旦发现自己被忽视了，没能得到尊重，就会立刻翻脸。

林肯，是美国历史上唯一的一位出身于鞋匠家庭的总统。在当时的美国，大部分的参议员都出身于名门望族，所以当林肯当选总统的那一刻，整个参议院的议员都感到尴尬。因为，林肯是一个出

生鞋匠家庭的孩子，他们从未料到要面对的总统是一个卑微的鞋匠的儿子。

但是，林肯却从强大的竞争势力中脱颖而出，赢得了广大人民的信赖。这是为什么呢？难道仅仅是他具有卓越的才能？

其实，这与林肯从平民中来，走平民路线，把自己融于广大百姓之中的平民意识是分不开的。另外，林肯有一种超凡的演讲才能。他曾经在演讲台上成功地化解了一个关于他出身的尴尬，并当场让大家不得不佩服他。

当时林肯站在演讲台上，有人大声问他：“请问，能告诉我们大家，您有多少财产吗？”

当这个问题出来之后，在场的人无不期待着，都以为答案当然是多少万美元或者有多少亩田地。然而林肯却扳着手指这样回答：“我有一位妻子和一个儿子，都是无价之宝。此外，租了三间办公室，室内有一张桌子、三把椅子，墙角还有一个大书架，架上的书值得每个人一读。我本人又高又瘦，脸蛋很长，不会发福。我实在没有什么依靠的，唯一可依靠的财产就是你们。”

唯一可依靠的财产就是你们，这句话的意义非常大，因为这正是林肯取得民心的最有效的法宝。这句话让人们感觉到林肯是在重视他们，他们感到了自己的重要性，于是会情不自禁地喜欢林肯，也同样地尊重林肯。所以，让他人感到他自己是重要的，是让他人

喜欢你的最好的办法。

有一位年轻人，他凭借其杰出的表现得到了业内人士的认可，所以称为了一名优秀的保险经纪人，这个人叫鲍勃。

有一年，鲍勃应邀同一些高级经纪人出席全国营销会议，他被邀请发表讲话。在众多的听众之中有一位叫龙尼的人。我们来介绍一下这位叫龙尼的人：龙尼也是一位具有传奇色彩的经纪人，且比鲍勃年长30岁，有足够的经验，在社会摸爬滚打的过程中，练就一番不凡的工作习惯，而且他也跟鲍勃一样，一直从事保险事业。

按理说，这么厉害的经纪人，没必要听一个比自己年轻30岁的经纪人在那里说什么经纪人经验了。可是，就在鲍勃发言的时候，有一件事引起了他的注意，并使他久久不能忘怀。龙尼这个经验丰富的老经纪人，竟然在鲍勃发表讲话时认真地做着笔记。他不仅仅是在听鲍勃的讲话，而且是在认真地学习。

这件事给鲍勃增加了自信，令他感到存在的价值。这本来是一件小事，但这位高级经纪人的举动竟出乎意料地使鲍勃受到了莫大鼓舞，因为龙尼让鲍勃感到了自己是一个重要的人。所以，鲍勃不得不对龙尼发自内心地尊敬。

自那天起，龙尼成了鲍勃的良师益友。在鲍勃心中，他简直就是一位英雄。

请记住，当你让对方感觉到他是那么的重要时，对方一定会喜

欢你。

我们大多数人都忽视了一个重要的交际技巧，即让他人感到自己很重要。这就是有些人常常抱怨很难与身边的人打交道的原因，因为这些人总认为别人身上有着数不清的缺点，他们从来没有考虑过是不是自己的交往方式出了问题。

很多人都非常热衷于表现自我，喜欢不着边际地夸耀自己，一旦事情成功，他们的第一反应就是把所有的功劳揽在自己的名下，这是人们最喜欢干的事情。其实，这样是在损害自己的人际关系。因为这样一来，别人会感觉不到自己的重要性，于是就不愿意跟你交往了。

我们应当谨记，我们要真诚地让别人感觉到他的重要性，这样别人才会喜欢你。

有一天，我需要寄一个小包裹，于是我来到了纽约的三十三号街第八号路的邮局里。

在邮递局里，排队的人很多，我发现里面那个服务员，脸色显得很难看，且好像有点不耐烦，是的，他对他的工作显得很苦恼。也难怪，这位工作员已经在这个邮局工作了好几年，且每天工作的程序都是一样的，秤信的重量，递出邮票，找零钱，分发收据，对，就是着些单调的工作，一年接一年，不烦才怪。

在这种情况下，估计这位工作人员不会喜欢任何人。但是我为

了挑战自己的口才，所以我对自己说：“我过去试一试要让那人喜欢我，我必须要说些有趣的事，那是关于他的，不是我的。”

但是，我一时不知道对方喜欢什么话题，于是我又问自己：“他有什么地方，可以值得赞赏的？”

这个答案很不好找，因为对方是个素昧平生的陌生人。但是没多久，我有了一个发现，我从这邮务员身上找出一件值得称赞的事了。

当他秤我的信时，我很热忱地说：“我真希望有你这样一头好头发。说实在的，我们这些人如果没有你，我们都不知道该怎么办，你每天都帮这么多人解决问题，太厉害了！每天帮几百人解决问题的人不简单。”

那邮务员把头抬了起来，他的脸色神情，从惊讶中换出一副笑容来，很客气地说：“这是我的职责，呵呵。”

我很确切地告诉他或许没有过去的光泽，不过现在看来，依然很美观。他非常高兴，我们愉快地谈了几句，最后他对我这样说：“许多人都称赞过我的工作。”

我敢打赌，那位邮务员中午下班去吃午饭的时候，他脚步就像腾云驾雾般的轻松。晚上回到家里，他会跟太太提到这事，而且还会对着镜子说：“嗯，我的工作确实不错。”

我曾在公共场所，讲过这个故事，后来有人问我：“你想从那

个邮务员身上得到些什么？”

我想得到些什么？我想要从那个邮务员身上得到些什么？

我们不能因为要得到别人的什么而不去给别人快乐。如果你给别人快乐，让别人觉得他是那么的重要，那么他将给你或者其他人带来更多的快乐。比如邮递员，不是这回事吗？如果你不从别人身上得到什么就不愿意分给别人一点快乐，那我们所要遭遇到的，也绝对是失败。

是的，我确实想要从那人身上得到些什么！我想要获得一些极贵重的东西，而我已经得到了——我使他感觉到，我替他做了一件不需要他报答的事。那件事，即使过了很久以后，但在他回忆中，依然闪耀出光芒来。

所以，请记住，让他人感觉到自己的重要性，并积极把这个重要性体现出来。

关照他人

如何才能得到别人的关照呢？很多上班的人都喜欢跟人这么说：“以后多多关照啊。”那么，这么说有效果吗？没有，很明显，一点效果都没有，即便对方点头说：“好的，好的，没问题，相互关照。”即便如此，他们还是没法相互关照。那么，要怎么样才能得到别人关照呢？要获得别人的关照，首先你真正关心他人，才能赢得他人的注意、帮助和合作。

你对别人好的时候，也就是对自己最好的时候。所以，对别人好不是一种责任，它是一种享受，因为它能增进你的健康和快乐。

非洲有个叫“快乐墓地”的墓园，其中有块墓碑写着：“行善吧，真诚地去帮助别人。这样你就会得到快乐和温暖。你会感到来自内心的一种亲切感。这样活着真好。这是一种美丽。你的人生一定会因此而变得美丽起来。”

曾经有这么一个真实的故事：

在一个风雨交加的夜晚，有一对年迈的夫妇刚好走到一家旅馆里，这家旅馆是在路边上建造的，很简陋的一家旅店，当他们要订房的时候，服务员告诉他们：“房间已经被订满了。”

“这已是我们寻找的第16家旅馆了，这鬼天气，到处客满，我们怎么办呢？”这对老夫妻望着店外阴冷的夜色发愁。

店里的服务员不忍心让这对老年客人受冻，便建议道：“如果你们不嫌弃的话，今晚就住在我的床铺上吧，我打烊后自己在店堂打个地铺就可以。”

这对年老的夫妻非常感激，第二天要按照房价付客房费，但是被小伙计坚决拒绝了。临走时，老年夫妻开玩笑似地说：“你经营旅店的才能真够得上当一家五星级酒店的总经理。”

“是吗？谢谢，如果是那样的话，起码收入多些，可以养活我的老母亲。”服务员顺口应和道，哈哈一笑。

不料想两年后的一天，这位服务员收到一封寄自纽约的挂号信。寄出这封信的正是当年睡他床铺的那对老夫妻。信中附有一张来回纽约的双程飞机票，并写明：“无论如何请到纽约来一趟，来了你就知道了。”

服务员当然照做了，于是来到了纽约这个繁华的大都市，老年夫妻把这位旅馆的服务员带到第五大街三十四街交汇处，指着一幢摩天大楼说：“这是一座专门为你兴建的五星级宾馆，现在我们正

式邀请你来当总经理。”

这个人热心的年轻人到底是谁呢？这就是著名的奥斯多利亚大饭店总经理乔治·波非特和他的恩人威廉先生一家的真实故事。

理乔治·波非特因为一次举手之劳的助人行为美梦成真。这件事看似偶然性，但其实它充满着必然性。因为一个为他人着想的人，别人也就会用同样的善意去为他着想，给他提供机遇。

只要人拥有了助人之心，自己已经获得了更多。因为给人关照的同时，别人会在内心里记住你的关照，同时感到你的亲切。

我再举一个例子：

一对夫妇平时待人不错，在街坊邻居中极有人缘，下岗不久，便在朋友、亲属以及街坊邻居们的帮助下，在小城新兴的服装市场里开起了一家火锅店。

火锅店刚开张时，生意冷清，全靠朋友和街坊照顾；但不出三个月，夫妇俩便以待人热忱、收费公道而赢得了大批的“回头客”。火锅店的生意，也一天一天地见好起来。每到吃饭的时间，小城里行乞的七八个大小乞丐，都会群结队地到他们的火锅店来行乞。

人们从未见过小城里其他店主，能够像这夫妇俩一样宽容平和地对待这些乞丐的。其他店主，一见到乞丐上门，就会拉下脸来严厉地呵斥辱骂。而夫妇俩则每次都会笑呵呵地给这些肮脏邋遢、令

人厌恶的乞丐高举到面前来的那些五花八门的锅碗瓢盆中，盛满热饭热菜。而且人们注意到，夫妇俩施舍给乞丐们的饭菜，都是新鲜饭菜，并不是那些顾客用过的残汤剩饭。而且夫妇俩在施舍乞丐的时候，没有丝毫的做作之态。他们的表情和神态十分自然，就像他们所做的这一切原本就是分内的事情，正如佛家所说的，这是一对“善心如水的夫妻”。

日子就这样一天一天地过着，一天深夜，服装市场里一家从事丝绸生意的店铺，由于老板沉迷于麻将而忘了将烧水的煤炉熄灭，从而引发一场大火，殃及了隔壁的火锅店。

这一天，恰巧丈夫去外地进货，店里只留下女人照看。一无力气二无帮手的女店主，眼看辛苦张罗起来的火锅店就要被熊熊大火所吞没，着急万分之时，只见那班平常天天上门乞讨的乞丐，不知从哪里钻了出来，在老乞丐的率领下，冒着生命危险将那一个个笨重的液化气罐马不停蹄地般运到了安全地段。紧接着，他们又冲进马上要被大火吞没的店内，将那些易燃的桌椅及店内的其他物品也全都搬了出来。消防车很快开来了，火锅店由于抢救及时，虽然也遭受了一点小小的损失，但最终给保住了。而周围的那些店铺却因为得不到及时的救助，货物都被烧得精光。

火灾过后，人们都说是夫妇俩平时的善行得到了回报，要是没有这些平时受他们施舍的乞丐们出力，火锅店恐怕只好关张了。

古语说：善恶轮回，因果报应。其实在现实生活中，这种所谓的“因果报应”只不过是心存感激的受惠者对施惠者的一种报偿而已。

是的，如果你想要得到别人的关照，就应该想着关照别人，只有这样别人才能给你更多的关照。这是一条永恒的定律。

你想得到别人的赞同和承认，你想要在你的小世界里，有一种自重感。你不希望受到没有价值、不真诚的赞美，而是渴求真诚的赞赏。你希望你的朋友，就像司华伯所说的：“诚于嘉许，宽于称道”。是的，所有的人都需要这些。

所以让我们遵守这条金科玉律，如果你希望别人如何对待你，那你就要如何对待别人。

有一次，我去无线电城询问处询问问题，但是不知道苏文的办公室在哪里，于是我向人打听苏文办公室的号码。我看到一个穿着整洁制服的询问员，于是走过去咨询，但是那位讯问员的态度太傲慢了，显得自己似乎很高贵，他爱理不理地回答：“亨利·苏文（顿了顿），十八楼（顿了顿），一八一六室。”

我走向电梯，但是我想了想，觉得我应该再跟那位咨询员说点什么，于是我又走了回来，向那个询问员说：“你回答问题的方法很漂亮，很清楚、恰当，你像一个艺术家，实在不简单。”

那是自然的，那位咨询员脸上现出愉快的光芒。当我搭乘电梯

上了十八楼时，我觉得人们快乐的总量上，又被我加上了一点。

当然了，你每天都可以像我这样去称赞别人，你不需要等到你当上了大使馆的大使之后才开始做这件事，也不需要做了一个很大俱乐部主席时才去称赞别人。

比如，你要了法式的煎马铃薯，而那个女服务生替你端来了煮的马铃薯，在那时候，你不妨这样说："对不起，要麻烦你了。我喜欢的是法式的煎马铃薯。"

她会回答："一点也不麻烦"。之后会乐意地替你去更换，因为你先尊重了她。

平时一些简短的话客气话，像"对不起、麻烦你、请你、你会介意吗、谢谢你……"这些语言，我们可以多用，因为这些话语可以减少人与人之间的纠纷，同时也自然地表现出高贵的人格魅力。

有一条最明显的真理，那就是你所遇到的任何人（几乎每个人），都觉得自己某方面比你优秀。可是有一个方法，可以深入他的心底——就是让他觉得你承认他在自己的小天地里，是高贵重要的，要真诚的承认。

让我举个例子：

美国有位著名的小说家叫柯恩，他是一个铁匠家庭的儿子。柯恩受的教育不多，不超过八年的正规学校教育。但是，当他去世的那天，已经是世界上一位最富有文化的人了。这是为什么？

柯恩喜欢诗词，对于罗赛迪的诗，他几乎读完了。可见，柯恩对于罗塞迪的诗是多么的喜欢了，他甚至还写了一篇演讲稿，歌颂罗赛迪的成就，并且还把这份演讲稿送一份给罗赛迪。罗赛迪很高兴，他说："一个年轻人，对我的才学有这样高超的见解，他一定很聪明。"

居于这样的原因，罗赛迪请了柯恩来伦敦当他的私人秘书，也就在这个时候，成为了柯恩一生的转折点。柯恩借助这个新的职位上，认识了许多当代的大文豪。

就是这样，柯恩受到大文豪们的指导和鼓励，顺利地展开他的写作生涯，逐渐地，柯恩写出了自己的风格，成为了名人。

柯恩说："我的故乡在格利巴堡，现在已是旅游的圣地。我资产有250万元，可是谁会知道，如果我没有写那篇赞赏著名诗人的演讲稿，可能会默默无闻，贫困而去世。"

是的，柯恩的成就是真诚给予他的，一股出自内心的赞赏的力量让他成就了一生的不平凡。

罗赛迪认为他自己重要，那并不稀奇，几乎每个人都认为自己是最重要的，一个国家也是如此。

换句话说，你以为你比日本人优越？可是事实上，日本人以为他们比你优越得多。如果一个守旧的日本人，当他看到一个白种人跟一个日本女人跳舞时，他会感到非常气愤。

另外，你以为你比印度人优越？并非如此，他们的感觉完全跟你的相反。你以为你比爱斯基摩人优越？你想错了，爱斯基摩人与你的看法完全不一致。在他们的社会里，如果有个好吃懒做，不务正业的人，爱斯基摩人指那种无赖汉叫“白人”，要知道，那是他们轻视人最刻薄的话。

别忘记爱默生所说的：“凡我所遇到的人，都有比我优越的地方，而在那些方面，我能向他学习。”

有些人刚刚觉得自己有若干的成就，就感到自满，结果引起别人的反感和憎厌。

莎士比亚曾经这样说过：“人，骄傲的人，藉着一点短促的能力，便在上帝面前胡作妄为，使天使为之落泪。”

这是纽约一位园林设计家“麦克乌霍”，所说的经过情形：

在我听了“如何交友和影响他人”的演讲后不久，我替一位著名的司法官设计园景。那位司法官出来提出他的建议，在什么地方该栽种些什么花。

我说：“法官，你有很好的业余嗜好——你那几条狗都很可爱，我听说你曾得过很多次，赛狗会中的蓝丝带优等奖状。”

我这句话果然出现了效果，那位司法官说：“是的，我对于养狗很感到兴趣，你要不要参观我的狗舍？”

他费了差不多一个小时的时间，带我去看他的狗，和他所得的许多奖状。他拿出有关那些狗的血统系谱，告诉我每条狗的血统——由于有优越的血统，所以他豢养的狗都活泼、可爱。

最后他问我："你有没有小男孩？"

我告诉他有的。

他接着问我："你孩子会不会喜欢小狗？"

我说："嗯，是的，我相信他一定会喜欢的。"

司法官点头说："那太好了，我送他一只。"

他告诉我如何豢养小狗，顿了顿他又说："我这样告诉你，你很快就会忘了，让我写下来给你。"那位司法官进去屋里，把他要送我的那头小狗的血统系谱和喂养的方法，用打字机很清楚地打了出来，然后给我一头价值百元的小狗，同时还浪费了他一小时又十五分钟宝贵的时间。那是我对他的嗜好和成就，表示真挚的赞赏所获得的结果。

我要告诉你，关于我讲习班里，三个学员的故事。

第一个是康乃铁克脱州的律师，他不愿意发表自己的名字，我们就用汤姆逊来代替，汤姆逊来我讲习班没有多久，有一天，他驾着汽车陪太太去长岛拜访亲戚，他太太留下他陪亲戚老姑妈闲谈，自己另外看别的亲戚去了。汤姆逊要把学习所得，作一次实地的应用，以便将来写篇报告，于是他想从这位老姑妈身上开始，所以他朝屋子四周看了看，有哪些是值得他赞赏的。

她问老姑妈："这栋房子是1890年建造的，是吗？"

"是的，"老姑妈回答："正是那年造的。"

他又说："这使我想起，我出生的那栋房子，非常美丽，建筑也好。现在的人都不讲究这些了。"

"是的，"老姑妈点点头："现在年轻人，已不讲究住好看的房子，他们只需要一所小公寓，和一台电冰箱，再有就是一部汽车而已。"

老姑妈怀着回忆的心情，轻柔地说："这是一栋理想的房子。这屋子，是用'爱'所建造成的。我和我的丈夫，在建造之前，已梦想了很多年。我们没有请建筑师，完全是我们自己设计的。"

老姑妈领着汤姆逊，去各房间参观。汤姆逊对她一生所珍爱收藏的各种珍品，像法国式床椅、一套古式的英国茶具、意大利的名画、和一幅曾经挂在法国封建时代宫堡里的丝帷，都真诚地加以赞美。

汤姆逊接着又说："老姑妈带我参观房间过后，她又带我去车库，里面停着一辆很新的'派凯特'牌的汽车。"

她轻轻说："这部车子，是我丈夫去世前不久买的，自从他去世后，我就再也没有坐过，你爱欣赏美丽的东西，我要把这部车子送给你！"

汤姆逊听到这话，感到很意外，婉转辞谢，说："姑妈，我感激你的好意，可是我不能接受。我自己已经有了一辆新的车子，你有很多更亲近的亲戚，相信他们会喜欢这部车子的。”

“亲戚！”老姑妈提高了声音说：“是的，我有很多更亲近的亲戚，他们希望我赶快离开这个世界，他们就可以得到这部车子，可是，他们永远得不到。”

汤姆逊说：“姑妈，你不愿意送给他们，可以把这部车子卖掉。”

“卖掉！”老姑妈叫了起来：“你看我会卖掉这部车子？你想我会忍心看着陌生人驾着这部车子行驶在街上？这是我丈夫特地替我买的，我做梦也不会想卖，我愿意交给你，因为你懂得如何欣赏一件美丽的东西！”

汤姆逊婉转地辞谢，不愿接受她的赠予，可是他不能刺伤了老姑妈的感情。

这位老太太单独一个人，住在这栋宽敞的房子里，对着屋子里这些精致、珍贵的陈设，缅怀着以往的回忆——她希望有一个人，跟她有同样的感受。她有过一段金色的年华，那时她美丽动人，为男士们所追求。她建造了这栋孕育着“爱”的房子，并且从欧洲各地，搜集了很多珍品来加以陈设装潢。

现在这位老姑妈，风烛残年，孤零零的一个人，她渴望着能获得一点人间的温暖，一点出于真心的赞美——可是，却没有一个人

给她。于是当她发现她找到的时候，就像沙漠中涌出一泓泉水来，使她心底激动而感谢，甚至愿意把这部“派凯特”牌的汽车相赠。

不与人争论

罗斯福在白宫的时候，这样描述自己：“如果我每天有百分之七十五的时候是对的，那已是我的最高程度的标准了。”如果这是最高的标准，那我们又做到了多少呢？要知道，这可是二十世纪一位最受人注意的人希望的程度而已。

即便如此，你做不到每天有百分之七十五是对的，如果你能确定，在你一整天百分之五十五的时候是对的，你也可以到华尔街，一天赚进百万元了。如果你不确定能做到这点，你凭什么要指责别人的错误呢？

其实，如果你用话语告诉他错了，你以为他会感激你？不，永远不会！因为你对他的智力、判断、自信、自尊，都直接的给予打击，他不但不会改变他的意志，而且还想向你反击。

比如，如果你运用柏拉图、康德的逻辑来跟他理论，你就越伤害他的自尊，所以他还是不会改变自己的意志。

你千万别这样说："你不承认自己有错，我拿证明来给你看。"这句话等于是说："我比你聪明，我要用事实来纠正你的错误。"

以上是一种内心对白比喻，可以看出，那是一种内心挑战，会引起对方的反感，不需要等你再开口，他已准备接受你的挑战了。在这种情况下，你应该先阻止你自己，使自己不去指责他人。因为即使你用了最温和的措辞，要改变别人的意志，也是极不容易的。

如果你要纠正某人的错误，要运用一种非常巧妙的方法，才不会把对方得罪，我们不应该直率地告诉他。

就像吉士爵士向他儿子说的："我们要比人家聪明，可是你却不能告诉他，你比他聪明。"

苏格拉底屡次跟他的门徒这样说："我所知道的只有一件事，那就是我什么也不知道。"

如果有人说了一句你认为错误的话，你知道他是说错了。若是用下面的口气来说，似乎比较好一些："好吧，让我们来探讨一下，可是我有另外一种看法；当然也许是不对的，因为我也经常把事情弄错，如果我错了，我愿意改正过来，现在让我们看看究竟是怎么一回事？"

即使科学家，也是如此。

史蒂文生不但是科学家，也是一位探险家。他曾在北极圈一

带住了十一年。其中六年的生活，除了水和肉外，吃不到其它任何东西。有一次，我去访问了他。他告诉我："我正在进行一项实验！"

我问到："那项实验是作那方面的求证的？"

他所回答的话，使我永远无法忘记，他说："一个科学家，永远不敢求证些什么，我只试着去寻求事实。"

可见，一个科学家都不敢去求证什么，只是试探去寻求事实而已，我们又怎能这么断定别人的错误呢？

是的，普天下的人，决不会责怪你说这样的话："或许是不对的，让我们看看，究竟是怎么一回事！"

如果你知道，有个人确实犯了错误，而你直率地告诉他，指责他，你知道会发生什么样的后果？

我举出这样一个特殊的例子：

有一位纽约年轻的律师，最近在美国最高法院辩护一件重要案子，这个案件牵涉到一笔巨额的金钱和一项重要的法律问题。

在辩护过程中，一位法官向S君说："海军法的申诉期限是六年，是不是？"

年轻律师沉默了一下，目注法官片刻，然后说："法官阁下，海军法中并没有这样限制的条文。"

年轻律师在讲习班中，叙述当时的情形，说："当我说出这话

后，整个法庭顿时沉寂下来，而这间屋子里的气温，似乎就在刹那间降到了零度。我是对的，法官是错了，我告诉了他。可是，他是不是会对我友善，不，我相信我有法律的根据，而且我也知道那次讲的比以前都好。但是我并没有说服那位法官，我犯了大错，我直接告诉一位极有学问而著名的人物——他错了。”

我们之间，都受到嫉妒、猜疑、恐惧和傲慢所毁伤，所以很多人不愿意改变他的宗教、意志，甚至于包括他的发型。

所以，假如你准备告诉别人他们有错误时，请你每天早餐前，把鲁宾逊教授所写的一段文章读一遍。他是这样写的：“我们有时发现自已会在毫无抵抗和阻力中，改变自己的意念。可是，如果有人告诉我们所犯的错误，我们却会感到懊恼和怀恨。我们不会去注意一种意念养成，可是当有人要抹去我们那股意念时，我们对这份意念突然坚实而固执起来。并非是我们对那份意念有强烈的偏爱，而是我们自尊受到了损伤。‘我的’两字，在人与人之间，是个最重要的措辞，如果能恰当地运用这两个字，是智能的开端。无论是‘我的’饭，‘我的’狗，‘我的’屋子，‘我的’父亲，‘我的’上帝，这名词具有同样的力量。我们不只反对有人指出我们的错误，或是我们的汽车太旧，而是不愿意有人纠正我们任何的错误。对一桩我们认为‘对’的事，总乐意继续相信它。如果有人对我们有了某种的怀疑，就会激起我们强烈的反感，而用各种方法来辩护。”

有一次，我请了一个室内装潢师，替我配置一套窗帘。等到他开出价格的时候，我看了吓一跳。

几天后，有位朋友来我家，看到那套窗帘，提到价钱，幸灾乐祸地说：“什么？那太不像话了，恐怕你自己不小心，受了人家的骗吧。”

是的，她说的都是真话，可是人们就是不愿意听到这类的实话。所以，我竭力地替自己辩护。我这样说：“价钱是昂贵了点，但是这是好东西，总是好的。”

第二天，另外有一个朋友到我家中，她对那套窗帘，诚恳地加以赞赏。并且她还表示，希望自己有一套那样的窗帘。我听到这话后，跟昨天的反应完全不一样。

我说：“说实在的，我配制这套窗帘，价钱太贵了，我现在有点后悔。”

这说明了什么？说明了一点，人们都不喜欢承认错误，同时也不喜欢别人说自己的错。所以千万不要去指责别人。

尊重别人的意见

人们都是这样，并不为具体的知识性错误与你抗争，而是在为自己的尊严被你无视而拼命。所以，如果你直接指出对方的错误，即使他本来是错的，他也会坚持。所以我们千万要记住：尊重别人的意见，即使需要指出别人的错误，也要用巧妙的方法。

在基督降生前二千二百年，埃及国王教训他的儿子，说：“要用外交手腕，才能帮助你达到你所希望的目的。”

在十九个世纪以前，耶稣曾经这样说过：“赶快赞同你的反对者。”

换句话说，别跟你的顾客、丈夫或是敌手争辩，别指责他错了，别激怒他，而不妨用点外交手腕。

玛霍尼在纽约自由街114号，他专门出售煤油业特用的设备。长岛有一位老主顾前来向他订制了一批货。那批货的制造图样已交给了玛霍尼，也核实过了，机件已在开始制造中。

可是，就在这时，一件不幸的事忽然发生了。

这位买主跟他的朋友们谈到这件事，这些不同的朋友提出不同的见解和主意，有的说太宽太短，有的说太窄，各说纷纭。他听朋友们这样讲，顿时感到烦燥不安起来。

于是，这位买主立即打了个电话给玛霍尼，他说拒绝接受那批正在制造中的机件设备。怎么办？玛霍尼应该怎么处理这件事？

玛霍尼先生说出当时情形："我很细心地查看，发现我们并没有错误，我知道这是他和他的朋友们，不清楚这些机件的过程。可是，如果我直率地说出那些话来，那不但不恰当，反而对这项业务的进展非常危险。所以我去了一趟长岛，我刚进他办公室，他马上从座椅上跳了起来，指着我声色俱厉，要跟我打架似的。最后他说：'现在你打算怎么办？'我心平气和地告诉他，他有什么打算，我都可以照办不误。我对他这样说：'你是出钱的人，当然要给你所适用的东西。如果你认为你是对的，请你再给我一张图样，虽然由于进行这项工作，我们已花去两千元。我情愿牺牲两千元，把进行中的那些工作取消，重新开始做起。不过我必须要把话先说清楚，如果我们按你现在给我的图样制造，有任何错误的话，那责任在你，我们不需要负任何责任。可是，如果按照我们的计划，进行制做有任何差错发现，则由我们全部负责。他听我这样讲，这股怒火似乎渐渐平息下来，最后他说：'好吧，照常进行好了，如果

有什么不对的话，只求上帝帮助你了。’”

结果，终于是我们做对了，现在他又向玛霍尼订了两批货。

当那位主顾侮辱玛霍尼，几乎要向他挥拳，指他不懂自己业务时，玛霍尼用了他所有的自制力，尽量让自己不跟对方争论辩护。那需要有极大的自制力，可是他做到了，那也是值得的。

当时如果玛霍尼告诉他，那是顾客的错误，并开始争论起来，说不定还会向法院提出诉讼。而其结果不只是双方起了恶感及经济上的损失，同时失去了一个极重要的主顾。这点，玛霍尼是深深的体会到了，如果直率地指出他人的错误，那是不值得的。

所以，如果你要获得人们对你的同意，第二规则是：尊重别人的意见，永远别指责对方是错的。

第三章

赞美与欣赏

先赞美，后批评

批评之道，不在于发泄情绪，而在于达到使人改正的目的。因此，在批评人之前，我们要稍微赞美一下人，这样就不会让人伤心，而又可以达到提醒人的目的。

我们听到对自己优点的赞美之后，再被指出缺点，更容易接受。

如果想要说服别人，就先赞扬他人。

我的朋友曾经被柯立芝总统邀请到白宫做客。当他走进总统私人办公室时，正好听到柯立芝在向他的一位女秘书说："你今天穿的衣服好看极了，很衬托你的身材。"

想不到柯立芝总统平常沈默寡言，很少称赞别人，如今竟然主动对女秘书说出那样的话，顿时使得那女秘书的脸上涌现出一层鲜艳的红晕。总统接着又说："别难为情，我只是实话实说而已。还有一件事，从现在起，我希望你能认真地检查公文的标点。你已经

做的很好了，但是不妨再多加注意。”

虽然这样的恭维加抑制稍嫌露骨了点，但是很契合心理学的观点。当我们听到别人的称赞后，自尊心获得了满足，即使后面跟着的批评的话，我们一样会对批评者另眼相看，也就容易接受那些不愉快的话。

好的批评方法不外乎两种，先抑后扬和先扬后抑。前者能避免他人产生骄傲的心情，后者则避免让他人不至于过分沮丧。这跟刮胡子有异曲同工之处。理发师在给顾客刮胡子时，第一步一般是抹上一层肥皂水。肥皂水的作用，就是保护顾客的皮肤不至于受到伤害。所以在批评他人之前，我们要稍微赞美一下他，这样就不会让他伤心，而又可以达到提醒他人的目的。

麦金利在1956年竞选总统时所采用的方法，就运用了这项原理。

那时候的选举，共和党和民主党都雇佣了专业的演说家，专门为自己的政客拉选票。他们的任务就是到处宣传政客的功绩，同时不忘打击对手一番。

其中，有一位属于麦金利阵营的共和党员，费尽心机，写了一篇演讲稿。他自我感觉非常好，于是他很得意地在麦金利的面前朗诵了一遍，期待得到这位未来的总统的称赞。可是麦金利却不这么认为，他觉得这篇演讲稿虽然有可取之处，但并不尽善尽美，如果

发表出去，可能会引起一场批评的风波。但是他又不愿意直接拒绝别人的一番好意，那样子无疑会打击竞选团队的热情。

麦金利是这样说的："这真是一篇颇有见地，精彩绝伦的演讲稿，我相信再也不会有人比你写得更好了。就许多场合来讲，它无疑都非常适合。可是，我们必须考虑到那些特殊的场合。从你的立场来讲，那是非常合适、慎重的；可是我代表着共和党的利益，所以我的一切都必须从党的立场出发，就这份演讲稿而言，比如说发表之后，它对党的声誉造成什么样的影响。如果你能重新修改一下，我觉得会更好，更能符合党派的利益，就按我所提出的那几点意见修改吧。"

他果然那样做了，麦金利又在他的草稿的基础上做了一些修改。结果那位党员在那次竞选活动中，成为最有力的助选员。

林肯一生写过无数的信件，可是有两封信是非常著名的，第一封就是他写给毕克斯贝夫人的，为她五个儿子牺牲在战场而表示哀悼。据说，林肯写那封信，可能只花了五分钟时间。但是它所具有的收藏价值，使得在1926年公开拍卖时，卖出了一万二千元的高价。这个数目比林肯五十年所能积蓄的钱还多。

第二封信，是林肯在1863年4月26日，内战最黑暗的期间所写的。战争进入了第十八个月。林肯的联军连连惨败，到处都是屠杀和尸体。那时人心惶惶，全国哗然震惊。数以千计的士兵，从战场上逃跑；参议院里的共和党议员，发动了叛乱。他们要强迫林肯离开白宫。

林肯这样说：“我们正处于最黑暗的时期，我们的脚正踏在崩溃的边缘。形势是如此的糟糕，混乱，我觉得上帝似乎也在反对我们，我看不到一丝希望的曙光。”

我摘录出这封信的主要目的，是因为这封信改变了美国历史的进程。在信里面，林肯设法改变了一位固执的将领，而这个将领关系到全国成败的命运。

这该是林肯任职总统后，写信措辞最锐利而不客气的一封信。但是即使如此，林肯也并未一味地指责霍格将军，在指出严重的错误前，他先奉上了赞美之词。

信的开头充满了保守和外交辞令的味道：“有些事，我对你并不十分满意。”这显示了林肯的机智。他接着写道：

“我根据对你的理解，以及对你的信任，任命你作包脱麦克军队的司令官。可是我希望你也知道，有些事，我对你并不十分满意。没有人能否认你是个睿智善战的军人，如果有人那么说，我将誓死捍卫你的尊严。同时我也相信，你不至于把政治和你的职守，掺混在一起，这方面你是对的。你拥有无比坚强的信心，这很难能可贵。

你很有野心，这不是你的错，有时候野心能使你前进。可是在

波恩雪特将军带领军队的时候，你为了你的野心，阻挠他。这是一件对国家有害无益，对一位极有功勋而光荣的同僚军官而言意味着伤害的错误。

人们谣传过你的话，在野心的驱使下，你正在向军队和政府的独裁领袖前进。当然，我给你军队指挥权，并非是出于这个原因。同时，我也没有想到那些。

可是不是人人都能当上独裁者的，只有胜利者才有资格。倘使你一味地打击自己的同僚，陷我们于失败中，那么你也不会获得独裁者的资格。目前，我对你的期望，是军事上的胜利。到时，我会冒着危险，授予你独裁权。

政府将会尽其所能赞助你，就像赞助其它将领一样。可是我怕你向其他将领灌输不信任上司的想法，你应该想到，你是他们的上司，他们最终会回过头来对付你。所以我愿意竭力帮助你，平息你这种危险的思想。

军队中不应该有这种思想存在，不然即使拿破仑再世，他也会失败。现在切莫轻率推进，也不要过于匆忙，需要小心谨慎，不眠不休去争取我们的胜利。”

林肯在这封信里，尽管严厉地批评和谴责了霍格将军，但是他处理的手法很巧妙，所以读起来时却是很委婉、诚恳的。而后来的事实也证明，霍格将军完全接受了林肯的批评，内战最终向联军有利的方向发展。

这就是林肯巧妙运用先扬后抑的批评方法。

我们虽然不是柯立芝，不是麦金利，更不是林肯，但是类似的批评方法，却可以应用在日常商业中。我们现在以费城华克公司卡伍先生为例。卡伍先生是我在讲习班的学员，他是一个再普通不过的普通人。这是他在讲习班里演讲过的一个故事。

华克公司在费城，承包建筑一座办公大厦。合同规定工程必须在某一天竣工完成。按照计划，所有的事情都很顺利。可是，在建筑物即将完成时，有一个承包了外面铜工装饰的商人，说他不能如期交货。这意味着所有的工作都要停顿下来。还意味着华克要交付巨额的罚款！这一切，仅仅源于那个承包铜工装饰的商人。

华克公司跟该商人进行过激烈的争辩，试图说服他，甚至威胁他，但是没有半点用处。于是卡伍出现了。他作为谈判代表被派往纽约。卡伍跟那位经理的沟通是以这样的方式开头的：“你该知道，你的姓名在勃洛克林市中，是独一无二的！”经理很意外，他甚至不知道这回事。卡伍继续说：“今晨我下了火车，查电话簿找你的地址，发现勃洛克林市里，只有你一个人叫这个名字。”

那经理为了验证卡伍的说法，把电话簿拿来查看，果然一点也不错，真有这回事。于是他很高兴，很满足，很骄傲地说：“我的家族是从荷兰移民来的，所以，这个姓氏并不常见。”接着他就开

始谈论他的祖先和家世的情形。

卡伍耐心地听他说完，然后又找了个话题，说很羡慕他拥有这样一家规模庞大的工厂。卡伍恭维地说："我走遍全国，可是从未见过那么整洁，完善的铜器工厂。"

那经理更开心了，不由地说："这家工厂是我一生的心血所在，我为之骄傲。你有兴趣参观我的工厂吗？"

参观的时候，卡伍连连盛赞这工厂的组织系统，且指出那一方面要比别家工厂优良，同时也赞许几种特殊的机器。这位经理的兴趣不错，一直在滔滔不绝地讲述那些机器，说明这类机器的使用方法，和它的特殊功能。还提到哪几项机器是他发明的。现在，他开始视卡伍为朋友知己了。他坚持请卡伍一起午餐！当我们看到这里时，是否发现，卡伍对他此行的任务只字未提。

反倒是午餐后，那位经理主动提起说："现在，让我们言归正传吧。当然，我知道你来这里的目的。可是我没有想到我们的见面会这样的愉快。"他脸上带着笑容，接着说："我认为我是可以尽力地帮助你的，哪怕是牺牲别家的生意，我也会将订货准时送到你那里。现在你可以先回费城。"

卡伍抱着目的而去，但是在人面前根本没有谈及。可是他的目的很顺利地达到了。那些材料，全部如期运到，而那座建筑也没有受到任何的影响而如期完成。假如当初卡伍气势汹汹地跑去跟人争论，那么后果会比这个更好吗？

我们每个人都有这样的特点，当别人赞美我们之后，再指出我们的不足，我们会乐于接受。因为对方真诚地赞美让我们明白，对方指出我们的错误是为了使我们更加完美。我们当然愿意改正，使自己更完美。

所以，不使对方难堪、反感，而改变一个人的意志，第一项规则是：用称赞和真诚的欣赏作开始。

批语他人要委婉

间接暗示别人过错比直接说出来更温和，更容易使人接受。委婉地批评他人，更能达到理想的效果。如果我们想要劝阻一件事，请记住，要避免正面的批评。

萨普先生掌管着很大的钢铁集团。他以管理严厉闻名。有一天中午，他临时决定去钢铁生产车间走一遭。这是很少见的行为。他来到车间门口，发现几个工人正站在车间里面抽烟。可是就在他们的头顶上就有一个“禁止吸烟”的标志。萨普虽然很生气，但是却没有马上翻脸发脾气。他走过去，从兜里掏出香烟，递给每个工人一支，心平气和地对他们说：“伙计们，我知道你们都很想抽烟，但如果你们到外面去抽烟，我觉得更好，我也会感谢你们。”几位员工当即掐掉手上的烟，表示以后再也不会了。

员工不是不知道有禁止吸烟的规定，但他们就是违法了。我们该怎么办呢？如果我们气势汹汹地当面指出来，他们肯定会反感。

没有人喜欢批评，更别说那些直接的让人难堪的批评了。那样的批评太刺耳，只会伤害个人的自尊心。更严重的是，这会打击我们改正错误的信心。

萨普先生很聪明，他没有指着标志说："你们难道不识字吗？没有看见这里不准吸烟吗？"他选择了委婉的提醒。而且还送给他们小小的礼物——一根香烟。工人们会觉得自己受到了尊重和原谅，他们会内疚，告诉自己以后要牢记规定，不得再次违反。

同样的处理方法也被范纳梅克运用了。他是费城一家很大的百货公司的老板。每天他都要去百货公司巡视一遍。有一次，他看到一位女客人站在柜台外面，等着买东西，可是就没有人去招呼她。售货员去哪里了呢？他观察着，发现他们正聚集在柜台远处一角，谈笑风生。范纳梅克一声不响，悄悄走去柜台里端，他自己招呼那位女顾客。然后他把成交的货物，交给售货员去包装，而他自己就走开了。

1887年3月26日，最善于布道的布道家"皮却"牧师去世了。替代他的是爱保德牧师，他将在下一个星期日登坛讲道。为了给人良好的第一印象，他尽其所能，事先写了一篇讲道的稿子，准备到时应用。他修改了许多次，直到自己觉得很完美了，然后，他开始读给太太听。可是这篇讲道的演讲稿并不理想，就像白开水一样无味。

那位爱保德太太，相信她知道这回事，所以她虽然赞美丈夫的杰作，同时却又向丈夫巧妙的暗示，他这篇演讲稿，并不适合讲道时用，而适合拿去发表到北美评论周刊上，那将是一篇极好的文章。

爱保德得一听就明白了妻子的意思。这篇演讲稿不适合演讲师用。演讲需要的是自然语言，这样才能和台下的听众达到有效的沟通。

爱保德太太以明着是赞美，实际上是否定的一句话来劝说，结果达到了理想的效果。爱保德把那篇花费很多精力的演讲稿撕成碎片。然后空着双手去演讲，结果受到了热烈的反响。

倘若爱保德太太没有足够的修养的话，她就会直接喷出恶毒的批评，结果只会打击丈夫的士气，激怒他，对丈夫的布道也没有什么帮助。

如果我们想要劝阻一件事，请记住，一定要避免正面的批评。批评别人，就是在否定别人，处理的不好，就会激起冲突。最好的办法是旁敲侧击地去暗示对方，毕竟一般人都是有自知之明的。人都是有尊严的，伤害别人的自尊就等于是在挑起战争。对方不但不会接受，反而会奋起还击。当我们暗示的时候，对方却会明白，并且知道我们用心良苦。他不但会接受，还会感激我们。

每个人或多或少都有这样的经历，想去拜访某位大人物，即使没有恶意的企图，也会被大人物的手下加以阻挠。尽管大人物们很忙，但是这不是拒绝的理由，只是由于手下们过于为他着想了，他们不想别人打扰他，所以总是自作主张地拒绝绝大部分的拜访者。

佛罗里达州奥多市市长卡尔深知这一点，所以他在任时，特地叮嘱过允许市民到他的办公室座谈。可是他的秘书认为保证市长不受干扰，保证办公室清净是他的责任，所以他仍像从前一样，挡住了来访的大部分市民。

卡尔市长知道秘书也是一番好意，总不能硬起心肠去批评他。所以他想了一个办法。找人拆除自己办公室的大门。这样一来，那些来访的市民就不会受到阻拦了。秘书见市长决心如此，也就听从了他的指示。

我们前面讲过，以赞美的方式开始批评。策略是对的，还要讲究一些词语的运用。我们在生活中很容易犯一个错误。就是在真诚的赞美之后，拐弯抹角地加上“但是”两个字，然后开始批评。这样的处理，就好像赞美带有功利性一样，我们会给被批评者这样的错觉，他会以为我们说话的重点是批评。因为我们已经在用“但是”来强调了。“但是”这两个字会消除前面赞美的所有效果。

比如，我们对杰克说：“杰克，这次你考试成绩不错，但是，如果你再加强一下数学的学习，就更好了。”本来受到鼓励的杰克在听到“但是”这两个字时，第一反应是怀疑你前面的赞美是否真诚。如果我们每次都是这样开始，那样结束，那么就会在他的脑海

里形成一个条件反射，所有的赞美背后都跟着批评。这对他的学习没有丝毫好处。所以，我们在赞美与批评之间不要带着明显的转折，要让它尽可能自然地发生，让人觉得不管是批评还是赞美，都是出自真心实意的。并且，赞美之后的批评不要太直接，而要委婉地暗示。比如，我们可以对杰克说：“杰克，这次你考试成绩不错，我为你高兴。希望你在数学的学习上也跟其他科目一样努力，这样数学就会跟其他科目一样好了。”这样的批评完全让人感觉不到火药味，一切都是很顺耳的。

这样，杰克不仅不会怀疑我们的赞美之词，而且还会明白我们后面的暗示，并且心甘情愿地接受。他会把自己的数学和其他科目作对比，然后心甘情愿地接受我们的建议。

暗示也是很讲究技巧的。直接的暗示，痕迹过于明显；间接暗示别人的过错比直接说出来更温和，更容易使人接受。贾布给我们带来了他的故事。

贾布有一次想装修他的庭院，他请了几位工人负责此项工作。这些工人技术很好，装修出来的效果不错。但是他们总是将工作场所弄得乱七八糟。当天的工作结束后，他们就走了，也没有想到要整理一下工作场所。所以贾布总是看到满地的木屑、碎石头等。他没有批评别人，而是带着孩子打扫干净，然后把垃圾都摆放到角落里。第二天，当工人们到来后，他装作很真诚的样子，对他们说：

“你们昨天工作完之后，把那些垃圾清理到那个角落，保持了庭院的整洁。对此，我很满意。连邻居都夸奖你们呢。”

本来这不是工人们的功劳，但是现在他们觉得不好意思了，也意识到自己的缺点。之后，他们每天下班前都会认真清理工作场所的垃圾。

我们对于军人的印象，就是他们一律都是短发的家伙。而且发型几乎出奇的一致。这固然有部队的强硬命令在起作用，但并非每个新兵都是心甘情愿地去理发的。他们只想保持自己独特的发型。怎样让新兵自愿地去理发而不反感呢？这是一个棘手的问题。

上校哈里告诉我，他是怎么让新兵自愿理发的。哈里对新兵说：“小伙子们，你们都是未来的领导者。领导者就要学会怎么去领导别人，首先要学好怎么做自己。因为你们未来的下属都会看着你们，正如你们现在看着我一样。大家都已经学习了军队中对军人头发的规定。今天，我就要按照规定去理发，虽然我有头发比起你们来，已经很短了。你们有时间可以去镜子前，看看自己的头发。如果，你们觉得自己的头发需要剪短的话，随时可以到理发室去。”结果，很多新兵看了上校的头发，然后去照镜子，结果都去了理发室。

所以要改变人们的意志，而不引起对方的反感，我们应该运用的第二件法宝是：委婉地批评他人。

先承认自己的错误

别人数落我们错误的同时，谦卑地表示他们自己也会犯这种错误，我们会容易接受。

承认自己的错误，就算我们自己还没有完全改正过来，也可以影响他人的行为。所以，承认自己的错误，对别人改正这样的错误很有帮助。

三年前，我的十九岁的侄女从中学毕业。当时她几乎没有工作经验。她离开坎萨斯城的家，到纽约来做我的秘书。现在她已经是一位很能干的秘书了。

不过刚开始时，并不是这样的。她是个新手，有太多的东西需要学习，有太多的东西需要改进。有一天，我对她所犯的错误忍无可忍，想要批评她时，我先对自己说："慢着，且等一等。你的年纪比约瑟芬大一倍，你处事的经验，也高过她一万倍。你怎么能希望她具有你的观点？你的判断力？你的见解呢？戴尔，在你十九岁的时候，你做了些什么？记得你那笨拙、愚蠢的错误吗？”

当我静下心来想过这些后，我发现约瑟芬比我当年要强多了。所以从此以后，当我提醒约瑟芬错处时，我总是这样说：“约瑟芬，你犯了一点错，可是老天爷知道，当年我所犯的错误比你糟糕多了。你不是生下来就会判断一件事的，那是需要从经验中得来的。

“在你这个年纪，我自己犯过很多可笑的错误，因此，我是没有理由来批评你的。我也决不想批评你，或是其它任何人……可是，如果你照这样去做，你不会更显得聪明一点吗？”

约瑟芬听了我的话，很是感动。之后，她的进步越来越大。

一般人都难以接受别人向我们指出错误。不过，如果对方在那样做之前，先谦虚地说自己也常常犯错误，并非完美之人，我们就会好受得多。别人的批评我们会愿意接受，并且改正错误。

承认自己不是十全十美的人，承认自己并不是站在道德的制高点去指出别人的错误，这样别人就很容易接受了。

德国沙皇威廉二世在位时，他手下有一位圆滑的布洛亲王。曾经有一次，布洛亲王用我们这里讲的方法救了自己一命。

德皇威廉二世，目空一切，高傲自大，他建设陆、海军，欲与全世界为敌。他常常口无遮拦，说一些令人难以置信的话。这些话震撼了整个欧洲大陆，甚至影响到世界各地。最糟的是，即使在他

访问英国时，他也不打算改变这种习惯。他当着许多人的面发表可笑、自傲、荒谬的言论，允许“每日电讯”，一字不改地在报上发表出来。例如，他说他是唯一对英国感觉友善的德国人；他正在建造海军以对付日本的危害。德皇威廉二世还表示，只有他一个人的力量，才能使英国不致屈辱于法、俄两国的威胁之下。他又说，英国洛伯特爵士，在南非战胜荷兰人，都是出于他的计划。

一百多年来，从没有一个国王说出比这个更使人吃惊的话。欧洲各国一片哗然、骚动。英国陷入愤怒当中。而德国的那些政治家，更是瞠目结舌。

在这惊慌期中，德皇也渐渐感到事态严重，而有些慌张了。他向布洛亲王暗示，要他代为受过。意思就是一切都是布洛亲王的主意，是他建议德皇说出那些话来的。布洛亲王要在众人面前承认自己的“罪行”。

可是，布洛亲王却不想背黑锅。他说：“即使我愿意承认是我干的，恐怕德国人或是英国人，都不相信啊。”

话一出口，布洛亲王就立刻发觉自己犯了一个严重的错误。果然，他的回答激起德皇的愤怒。德皇咆哮地说：“你的意思是我是一头笨驴，连你都不至于犯的错误，而我做了出来。”

布洛亲王知道应该先作某种的称赞，然后才指出他的错误，可是为时已晚了。他只有尽力挽救。他作了第二步的努力，在批评后，再加以赞美。果然，效果是显而易见的。

布洛亲王恭敬的说：“陛下，我绝对不认为我比你会更聪明。您在许多方面都远胜过我，当然不只是在海军的知识上，尤其是在自然科学方面。我很惭愧自己的无知，尤其是当你谈到风雨表、无线电报等科学学理时，我竟然没有办法跟你搭上话，我替自己感到羞耻。

“我很惭愧，对于各门自然科学都不懂，化学、物理更是一窍不通，连极普通的自然现象，我也不能解释。不过作为陛下的佣人，我又怎么能够一无所知呢。幸好我对于历史知识知道一些，在政治上也有一些才能，尤其是外交上，因此，我才可以替陛下你分忧啊。”

布洛抬高了德皇，贬低了自己。德皇很高兴，脸上现出笑容。经布洛作这样解释后，德皇宽恕了他，原谅了他。德皇热忱地说：“我常常跟你说，我们以彼此能相辅相成而著名。我们需要赤诚的合作，而且我们愿意这样做。”

那天下午，他紧紧握着布洛的手，动情地说：“你就像我的亲兄弟一般，我不允许有人欺负你。如果有人向我散步你的谣言，我就用拳头，打在他的鼻子上。”

布洛亲王的机灵善变及时挽救了他自己！虽然他犯了错误，然而他很快就意识到错误，并且当机立断做出改变。当然，如果他从

一开始就谈自己的短处，而恭维德皇的长处，事情就简单多了。

加拿大有位工程师叫迪斯。他非常忙，有时候他连写信的功夫都没有。这时候他就口述，让秘书撰写。不过他发现秘书经常会犯一些拼写的低级错误。就好像他是心不在焉的。迪斯也并未立即指责秘书。他首先反省了自己。原来他自己以前也经常拼写错误，并持续了很多年。后来，为了改掉这个错误，他就在兜里放了一个小笔记本，把自己容易拼错的单词记下来。他认为这个办法或许对秘书也是有效的。于是有一次，当他发现秘书再一次拼写错误时，他就坐在秘书身边，说："这个词好像不是这样写的吧。我以前也经常搞混它。不过，幸好我随身携带一个笔记本，这里面记录着我容易拼错的词。"迪斯把笔记本翻开，找到了那个词。说："喏，你看，它就在这里。不过我现在对自己的拼写非常小心。因为，如果我们拼错了，客户会觉得我们不够内行，不够认真。"

后来，迪斯发现秘书的拼写果然很少出现低级错误了，显然，他吸取了迪斯的经验。

承认自己的错误，就算我们自己还没有完全改正过来，也可以影响他人的行为。或许你正在为自己儿子抽烟的事苦恼，现在让我们来看看，劳伦斯是怎么说服儿子不抽烟的。以下是劳伦斯带来的故事：

我和我的妻子都抽烟，想不到这给15岁的儿子树立了坏榜样，

他也开始学抽烟了。我决定现在就让他停止这种不好的模仿行为。有一天，等他放学后，我开始跟他聊天。我告诉他："孩子，在你这个年纪的时候，我对香烟充满了好奇。所以我开始抽烟，并不为别的，只是觉得好玩。可是后来就逐渐上瘾了。我想戒烟，但是戒不掉。抽烟使得我的喉咙发炎，牙齿、牙龈也开始发生病变。你天天晚上都能听见我咳嗽，对吧？我现在已经无法戒除了，我为我当时的冲动后悔。你如果继续抽烟，到你变成我这样的时候，后悔都来不及了。"

儿子想了一会儿，做出了不抽烟的决定，从此以后，我再没有见过他抽烟。并且，我和他母亲也决定戒烟，儿子就是我们的监察员。最终，我们全家人都远离了香烟。

承认自己的过错，不但显示自己为人坦诚，而且也是对他人的尊重和赞美。对方会明白自己的过错，并努力完善自己。这个技巧，将会让我们获益良多。

贬低自己，并不是自卑，就像谈判术一样，适时地摆出低头的姿势，以退为进。我们的目的是称赞对方，满足对方的虚荣心，如此，不仅能平息对方对我们的敌意，而且还能收获友谊。

所以要改变一个人的意志，而不激起他的反感，第三项规则是：在批评对方之前，不妨先承认自己的错误。

用建议替代命令

不直接地教他人做什么，让他在行为中发现自己的问题。对于他人非常明显的错误，也不可使用直接的命令。因为，命令是对他人的轻视，毫无疑问只会招来憎恨。

泰白尔是著名的传记作家。《欧文传》就是她写的。我们曾有幸在一起用餐，在餐桌旁，我提到了我正在写关于与人相处的重要性的书。

她很感兴趣，并且提供了一些我所需要的资料。她告诉我，当她撰写《欧文传》时，和欧文先生的很多朋友交流了多次。那些朋友回忆说，欧文先生不喜欢命令别人去做事。他总是用建议的口吻告诉人们该怎么做。

欧文从没有说过："做这个，做那个。"或者是"别做这个，别做那个。"他的语气似乎总是在寻求别人的意见，而且是以真诚的态度："你可以考虑一下吗？"或者是"你认为那个有效吗？"

就算是写信那么简单的事情，他也会在口述完毕后问道：“你觉得这样写还可以吧？”

他的助理写了一封信，提交给他确认，他看过后，就这样说：“你确定这样最好吗？要不我们改用其他的措辞，说不定效果会比较好。你觉得呢？”给人的感觉，他总是让别人去做决定，而不是听从他的指挥。如果助手们犯了错，他也并不因此而责骂他们，他让他们从错误中去学习经验。

他建议他们怎么做，一旦他们犯了错，他也不发脾气，而是委婉地提示助手的错误。这种方法很得人心，犯错的人感觉不到被冒犯，所以保持了尊严，对于所犯的错误，很乐意去改。用这种方法，我们不仅容易取得对方的信任，和真诚合作，而且保证对方不会因此心声抵触。

宾夕法尼亚州州立大学，一位学生把车子停在了人行道边，挡住了别人的道路。一位老师因此怒气冲冲，他冲进教室，很不客气地问道：“是谁把车子停在了过道上？”他的语气如此地严厉，吓到了车的主人。有一个学生站起来承认了错误。这位教师大声地责骂道：“你最好马上开走，否则我就让你到垃圾堆里去找。”

实事求是地说，这位学生确实犯了错，可是这不应该成为老师谩骂不休的理由。老师的做法伤害了学生的自尊，也激起了其他同学的同仇敌忾。他们纷纷把车停在人行道上，借此挑战老师的权

威。假如当初老师的语气委婉些：“请问是谁的车停在了过道上？希望大家以后不要停在那里，否则会让大家都不方便。”相信大家都会记住这一点，并很乐意这样做。

南非约翰内斯堡有一家小工厂，专门制造精密零件，伊安是总经理。一天，来了一个客户，愿意订购一大批零件，但要求在一个月内交货。当时工厂的生产进度排得很满，很有可能无法按期交货。伊安让客户等他一个小时。

伊安来到车间，召集所有的员工。他并没有直接命令所有员工加班赶工，而是以一种询问大家：“这是一个大单，会给我们公司带来很多利润，对于你们来说，就是带来许多工资。因此，我想接下它。问题是我们的货期已经很满了，我不知道还有什么办法可以处理这批货。你们有没有人想出其他办法让我们能赶出这批货？有没有什么办法调整人员和设备来制造这批货物而又不影响其他货物？”

员工们纷纷提出自己的意见，并坚持要求接下这批订单。结果他们如期赶出了这批货物。作为奖励，伊安把50%的利润拿出来，分给了员工。

因此，在我们要说服别人做事的时候，或者是要改变一个人的意志，而不触犯或引起反感，第四项规则是：用建议代替命令。

给人留面子

保留他人的面子，他会感激我们；保留他人的面子，他人自然也会给你面子。所以，即使对方错了，也不要当面指出来。否则，可能毁了他的一生。

面子，在我们大多数人无情地残酷地批评别人时，往往被极度地忽视。我们每个人都爱面子，却在批评别人时，毫不客气地挑剔人家的毛病，而极少能转换一下思维，设身处地为别人想一下。很少人在批评别人时能想到，毫不顾虑别人自尊地批评别人，往往会激起别人的逆反心理，从而把对方推向反面。你不为他人保留面子，他人自然也不会给你面子。

批评，应当与尊重同行。亦即是说，在批评前，尽量先肯定一下别人的优点；在批评别人时，要注意自己的言行，多想一下别人的感受，尽量地为对方留下面子。这样，我们就能得到他人的感激和配合。简单一句话就是：你为他人保留面子，他人也会给你面

子。

可见，在批评、惩罚别人时，为别人保留面子是多么的重要。批评，也要讲究艺术！下面所述的会计师“格雷琪”所遇到的事例就是一个很好的例子。

由于会计师业务是有季节性的，因此格雷琪所从事的会计行业每年都要辞退一些人。然而，人毕竟上有情感的，直截了当地辞退雇员，可能会给雇员很大的心灵创伤。因此，辞退雇员，往往会让人很烦恼。所以，在会计行业中，几乎没有人愿意掌管裁员的斧头。

亦是由于大家都不想面对裁员时的尴尬，但又不得不面对，于是就形成了一种习惯性思维：越快解决越好。在解雇员工时也是直截了当地跟雇员说：我们是在忙不过来的时候请你们来帮忙，但现在我们似乎已没有什么工作给你做了……

很容易就能想得到，这种草率的辞退方式，会带给被解雇者一种心灵的创伤。因为被解雇者也曾付出过大量的汗水，而这种辞退方式会让他们感觉自己遭到了无情的抛弃。

很显然，造成这种尴尬的原因是由于被解雇者的面子没有得到保留，他们的情感没有得到老板们的重视。

如何才能解决这种困境呢？格雷琪吸取了教训，他是这样做的：先了解一下雇员的业绩，知道员工的优点与缺点，对员工有了

一个基本的“底子”后再召见他们。而谈话则是关键之举。格雷琪先是点出了员工的优点，感谢他为公司作出的巨大付出，赞扬一下对方是个优秀的人才。然后再说：现在的情况你也清楚，但公司很希望再度跟你合作。

这样的方式，照顾到了对方的自尊，保留了对方的面子。这样被解雇的人就会很舒服，至少不会觉得被抛弃，他们知道，我们有工作的话，一定会继续留住他们的，要是等我们在有工作的时候，还会想着他们的，他们也会很乐意的接受我们。

仲裁，是一个很有挑战的工作。但从事仲裁工作的马洛先生却能很好地做好这份工作，甚至能劝解两个水火不容的生死仇家重修旧好，因此受到广泛的好评。他之所以干得这么好，是在于他决不指出任何一方的错误，并且对双方有理的事实大加赞许。这样，他为双方都保留了面子，让每一方都觉得自己得到尊重。自然地，别人也会给他面子。从而解决了一件又一件纠纷。

世界上任何一位伟大的人，绝不浪费宝贵的时间去羞辱失败者，决不会被自己的某个成就蒙蔽了眼睛，而是在取得成就时又清醒地看到成就的另一面。土耳其总统凯末尔就是个例子：

1922年，土耳其人在总统凯末尔的率领下，终于将希腊殖民者驱逐出境。胜者为王，败者为寇，被俘的希腊将领受到了土耳其人民的辱骂。而正当人们沉浸在胜利的喜悦当中时，有一个人却保持

着清醒，他就是凯末尔。凯末尔认识到：痛打落水狗可能会引起不必要的麻烦。于是凯末尔并没有以胜利者自居，却放低姿态。他握着“铁考彼斯”和“狄阿尼”两位希腊降将的手说：“两位请坐，你们一定感到疲倦了”。而后又为了减轻他们的痛苦，又说：“战争这东西即使再优秀的人也有失败的时候”。结果赢得了希腊人的信赖。

可见给别人保留面子不仅是一种宽容的表现，更让人觉得你尊重他，别人自然也会尊重你感激你的。毫无遮拦，一点也不顾及别人自尊的批评，只会导致人心的背离。

就如宾夕法尼亚州的克拉克所在公司发生的一件事：由于生产过程中出现的一点点错误，公司副总随即在大庭广众之下，把主要负责人骂得狗血淋头，甚至还直接辱骂他是一个小骗了。这种赤裸裸的批评极大地伤害了被批评者的自尊，是任何人都难以承受得了的。于是，那位负责人跳了槽，并且在新的工作岗位上做得很出色。这个公司无疑损失了一位优秀的人才。正所谓失“道”者失人。

相反，得“道”者得人。安娜小姐的亲身经历能给我们很好的启示：

安娜小姐进行了一个市场调查，并做了大量分析工作。然而却在开会前的关键时刻把重要数据弄丢了。预料之中的痛骂让安娜小

姐很是心惊胆战。但结果是老板的语气远远出乎安娜小姐的意料：先是肯定安娜为公司作出的巨大付出，赞扬她干得出色，然后再安慰她：再优秀的人也会犯错误，相信重新调查出来的结果会很准确。结果，安娜小姐对公司老板心存感激，并决心以后更加努力、细心地为公司工作。

安娜小姐的亲身经历实际上就是老板为员工保留了面子。我们知道，一个人若犯了错，往往会有一种自卑、愧疚心理，我们若再加以狠狠的批评，就会给被批评者带来更深的心理创伤，甚至把事情推向反面。因此，不要轻易地责骂别人，面对别人的错误，我们一定要记得运用：保留他人的面子。

鼓励他人

鼓励他人，他就会觉得自己的成果受到了重视，从而就有了继续努力的动力。他人的进步，哪怕只是微小的进步，也要给予赞美。

所以，我们想要改变一个人，就要鼓励他们，让他们认识到自己的优点和成就。

我认识一个马戏团的驯兽师，他叫巴洛，他将自己的毕生精力都投注于马戏团的表演上了。他驯狗的表演非常棒，所以我每次都很认真地观看。我很纳闷巴洛是怎么做到这些的。后来看多了，我就发现一个问题。原来巴洛只不过是使用了一种我们所知的激励技巧。只要那些狗稍微有一点进步，巴洛就会拍拍它们的头以示赞赏，并喂给它们一点肉。那一丁点儿进步，在我们看来是不值得一提的，然而对狗来说却是难得可贵的。因为它们懂得了激励跟训练之间的关系。

这种技巧并非现代人的发明，几百年以前，就有人如此用了。这也是为什么马戏团长盛不衰，历史悠久的原因，他们总是那样训练动物们。即使不是在马戏团，而是在普通人家里，当我们对家里的狗感到满意时，也会奖赏它一根骨头，不是吗？

由此我就想到，假如我们想改变一个人，为什么不采用这个方法呢？我们为什么不用奖励去代替责骂呢？

即使他人只有一小点儿的进步，我们也要称赞和奖励他人。这样，他们就会更加努力地去取得更大的进步。

在监狱里，那里被关押着的往往是十恶不赦的犯人，他们有一些是偏执狂，有些是天生的堕落分子，要使他们向善，并不是容易的事情。因此，倘若他们真的有了进步，哪怕是一丁点儿，也是值得鼓励的。洛斯狱长就是这样对待星星监狱里的犯人的，他盯着他们，赞赏最微小的进步，而且效果看来非常好。我写这本书的时候，接到洛斯狱长的一封信，他信上这样说：“我发觉对于犯人们的勤劳，如果加以适度的夸奖，要比严厉的惩罚、责备他们的过失，更能得到他们的合作，更能促进他们恢复人格。”

我回想在我过去的生活，寻找类似那种因几句赞美，而深深地改变了我的人生。同时我也劝你们，在你们一生中，是否也有过同样的情形？历史上有关称赞给人神奇力量的例证，真是不胜枚举。

我不是在夸张地演说，而是在挑明一个事实，那就是有时候，

儿句赞美、鼓励的话就可能会改变人生。当我们读名人传记时，我们就会发现，很多伟人的成功就是源于这样的赞美和鼓励。

50年前，一位想成为歌唱家的十岁孩子，在工厂做苦力的同时，不断地追寻他的梦想。他用好不容易攒下来的钱去找老师学习声乐。可是他的启蒙老师无疑是个混蛋。他打击孩子，而不是鼓励：“你没有一丁点儿的天赋，不可能成为歌唱家，你没有一副好嗓子，你的声音简直是鬼哭狼嚎。”

可是孩子的母亲却鼓励说：“当别人打击你时，你就要抬起头，挺起胸膛，坦然地去面对。而且不要气馁，相反，你要做的更好。我知道你能唱得很好，你的声音每年都在变好，每年你都迈上了一个新的台阶。相信妈妈的话。”这位贫苦的母亲不仅为孩子送上了最真挚的鼓励，而且还攒钱给孩子付学音乐的学费。最终，这位孩子走向了成功，成为了著名的歌唱家。他就是卡鲁沙。

狄更斯的经历跟卡鲁沙差不多。他曾梦想成为作家，却因为父亲破产而辍学。在别人还处在甜美的童年时，他就不得不背负起养家糊口的重担。他的工作是在一间老鼠到处跑的货仓里给墨水瓶贴标签。

即使这样，他也没有放弃理想。他偷偷地写作，并偷偷地把稿子投入邮箱。他不想让人知道，因为别人会想当然地以为贫穷人家的小孩是不应该有梦想的，只要吃饱肚子就行了。他写了很多的稿

子，结果都被无情地退了回来。他的自信心本来就很弱，连续两年的退稿，几乎彻底摧毁了他的心灵。不过，转折点最终还是来了。

他的一篇文章终于被采用了。虽然，他没有得到一分钱的稿费，便是他却得到了信心，他的理想不再遥不可及。编辑回信给他，说：你好！我很高兴地通知你，你的稿子被我们杂志采用了。我们非常喜欢你的文章，你的文章观点鲜明，文笔不错。但是，我必须向你说明，因为我们的杂志是公益性的，恕我们不能给你稿费。

虽然当时狄更斯也很需要稿费维持生存，然而他更需要鼓励和赞美。从此，这位孩子更加勤奋地写作，并且在艰苦的条件下阅读了大量的书籍。生活的苦难，加上从书里获取的老练，使得他的文章越来越深刻，越来越多的稿件被杂志采用，并且都是付稿费的。

正是那位赞美他的编辑挽救了即将完全绝望的他。否则，他估计会终老在那个仓库。

那么，英国文学家韦尔斯又怎么样呢。他年轻时，在店铺里做小工，每天早晨五点钟就要起来打扫店铺，每天工作量长达十四小时。虽然他还年轻，身体吃得消。可是这种毫无希望的生活却逐渐磨平他的梦想，如果他还有一丁点儿梦想的话。他煎熬了两年，最终决然离开。他像是疯了似地向他母亲哭着哀求，赌咒再也不回那家店铺工作了；如果他须再留在那店中，他就要自杀。他写了一

封很长而悲惨的信，给他的老校长。说他心已破碎，不想再活下去了。老校长给了他一些赞美，说他是个聪明的年轻人，应该找一份更适合他去做的工作，然后给他一个教员的职位。

老校长的赞许，改变了年轻人的命运，也改变了英国文学史。因为韦尔斯在文学史上留下了浓重的一笔。他完成了七十七部书，用他的笔，赚进了一百多万元。

再说说铁贝得吧。我们要从他成家之后说起，因为那时候的他已经负担起家庭的责任。不过虽然他尽力了，可是显然情形比较糟糕。贫穷使他觉得窒息。他住在远离城市的乡下，一座葡萄园里的一间破旧房子就是他和妻子的住所。虽然每月租金只有十二元五角，可是他还是拖欠了别人十个月的租金。为了赚钱，他想尽各种办法。星期天，他去教会唱诗班卖唱；偶尔在人家婚礼中，替人家唱歌，可以赚进五块钱。有时候，他甚至不得不替房东摘葡萄，以偿还租金。

虽然他有一个歌唱的爱好，可是在生活的重压下，他觉得歌唱简直太奢侈了。他准备去推销载重汽车谋生。就在这时，他的朋友休士称赞了他，休士对他说："你的嗓音颇有发展的可能，你该去纽约学唱才是。"就是这一点称赞，那轻微的鼓励，成了他终身事业上的转折点。于是他向朋友借了二千五百元，去东部学唱。最后成为了有名的歌唱家。

我之所以不厌其烦地举出这么多例子，就是想告诉大家，我们要鼓励他人。我们想要改变一个人，就要鼓励他们，让他们认识到自己的优点和成就。

我们的赞许虽然不值钱，微不足道，但是有时候却能激发别人的潜能，改变他们一生的命运。这可不是说大话。已故哈佛大学名教授，也是美国最负声誉的心理学家兼哲学家“威廉·贾姆士”曾经说过：

“若与我们应当成就的事业相比，我们不过是半醒着。我们现在只利用到我们身心资源的一小部分。也可以这样说，每一个人，就这样的生活着，远在他应有的极限之内；他有各种的力量，可是却惯于不会利用。”

每个人都有潜在的能力，可是有时候我们却不会挖掘利用而已。倘若我们突然有一天得到了某种鼓励，那么这股潜藏的能力就会迸发出神奇的效力。

所以，要改变一个人的意志，而不触犯，或是引起反感，第六项规则是：

称赞最细微的进步，而且称赞每一个进步。

善意地过誉他人

富人、穷人、乞丐、强盗，每一个人都会努力保持自己得到的荣誉。所以，如果我们希望一个人有什么优点，那就当他已经有了那个优点。因为如果对方得到的你的尊重，就愿意受你引导。

琴德太太是我的朋友，她住在纽约白利斯德路。最近她雇了一个女佣。然而在她即将过来上班时，琴德太太想了解一下这个女佣的工作经历。她打电话给女佣从前的雇主。那雇主说女佣不好。不过琴德太太不打算反悔，也不打算直白地把前雇主的话转告女佣，以此作为警告，她说："妮莉，前天我打电话给你以前做事的那家太太。她称赞你诚实可靠，会做菜，会照顾孩子，不过她说你平时很随便，总不能将房间整理干净。

"我觉得她是在嫉妒我，因为你离开了她而投奔了我。看得出来，你穿的很整洁，因此你决不是那种不爱干净的人。我可以打赌，你收拾房间，一定同你的人一样整洁干净。我也相信，我们一定会相处得很好。”尽管琴德太太知道自己所讲的不是真话，甚至是自欺欺人的话，可是无形中她给妮莉带去了许多赞美，这些赞美即使是假的，妮莉也不得不顾全她的名誉。她把屋子收拾得干干净净，她宁愿自己多费些时间，辛苦些，也不愿意破坏琴德太太对她的好印象。

包德文铁路机车工厂总经理华克伦曾提过这样一段话：“一般人，如果得到了他的尊重，而且我们也尊重他，那么他会乐于接受指导。”

我们也可以这样说，如果你想改善一个人某方面的缺点，你要表示出，他已经具有这方面的优点了。

人性就是这样。虽然明知道是假的，但总是不自觉地去维护。如果我们希望他人在某方面做得很好，不妨跟他说，你在这方面一直做得很好。如此一来，相当于我们给了对方一个好名誉，而他是不会蠢到自己去证明自己不符合这个名誉的。相反，他会努力证明自己符合。就像莎士比亚所说：“如果你没有某种美德，就假定你有。”

雷布利克在《我和梅脱林克的生活》一书中，曾叙述一个低卑的比利时女佣的惊人改变。

她这样写着：隔壁饭店里有个女佣，每天替我送饭菜来，她的名字叫“洗碗的玛丽”。她的工作是从厨房助手开始的。因为她长

得非常难看。一对斗鸡眼，两条弯弯的腿，身上瘦得没有四两肉，精神也是显得无精打采、迷迷糊糊的。老实说，我很不喜欢那副模样。所以我决定说点什么。

有一天，当她端着一盘面来给我时，我这样对她说："玛丽，你知不知道你有内在的财富？"

玛丽是自卑的，她做什么事都是谨小慎微，就连表达自己的情感时也是如此。听到我这么说，她叹了口气："太太，我怎么敢去想象那些东西呢。"

不过她还是在思索我所说的话。她或许认为我在开玩笑，或许是认真的。但是，不管怎么样，她似乎更倾向于自己真的是有内在财富的。慢慢地，在她谦卑的心理，起了一种神奇的变化。她相信自己是看不见的暗室之宝；她开始注意修饰她的面部和身体。她那原来枯萎了的身体，渐渐洋溢出青春般的气息来。

两个月后，当我要离开那地方时，她突然告诉我，她就要跟厨师的侄儿结婚了。她悄悄地告诉我："我要去做人家的太太了！"我知道，从此以后她的命运改变了。

二战时期，盟军在诺曼底登陆后，战斗仍很残酷。美国将军吕士纳统帅着20万美军，跟德国和意大利组成的法西斯军队展开了艰苦卓绝的战斗。最受美国士兵所敬仰的将军哈伯德将军有一次在接见吕士纳时曾说道："我觉得你在法国的20万军队是最优秀的。"

吕士纳记住了哈伯德将军的这句话，并且在士兵们面前总是提起：“哈伯德将军说过，你们是最优秀的士兵。”这是过分的称赞吗？当然不是，这是有效激起士气的办法。

后来吕士纳在回忆录中写道：我时刻都记得告诉士兵们，哈伯德将军对他们的评价。我从来没有怀疑过这个评价是否客观、是否真实。但是，我相信，即使这个评价是不符合实际的，所有的士兵也将以哈伯德将军的标准来要求自己，然后达到那个标准。

俗话说：“如果不给一条狗取个好听的名字，不如把它勒死算了。”

人人都想要好名誉，即使没有，也会努力去争取。如果这时候有人凭空给了他一个好名誉，即使自己是不相称的，也会竭尽所能地去保持这个名誉；如果他们曾经的行为没有达到这个要求，那么他们就会努力地去达到。

星星监狱的监狱长洛斯说：“要对付盗贼和骗子，最好的办法不是把他们关到监狱来，而是把他们想象成绅士，然后以对待绅士的风格去对待他。他会感到受宠若惊，他会很骄傲的认为有人信任他。”

那句话太重要，太好了！所以，你要影响一个人的行为，而不引起他的反感，记住第七项规则，那是：给人一个美名让他去保全。

将他人的错误化小

如果你告诉一个人，他的缺点是天生的，他就会彻底失望，会丧失改变自己的能力。

因为每个人都会在任何事情上表现出懒惰的本性。如果你鼓励对方，让对方觉得很容易取得成功。他就会努力去取得成功。

我有一个朋友，在四十岁时才订婚。朋友们都为他高兴。不过他的未婚妻要他学习跳舞。亲爱的读者，你可以想想，一个从未跳过舞的人，四十岁去学习跳舞，会是个什么样的情形？结果，他竟然成功了。我们都很好奇他是怎么做到的，简直不可思议。后来有一天，当他和我一起喝咖啡时，他向我透露了这段经历。以下是他的原话：

我从来都没有跳过舞，而且以我的年纪，身体早就不适合跳舞了。因为跳舞需要身体的柔软和肢体的配合，而这些是需要长期锻炼的。因此，从一开始，我就抱着失败的心态。不过，我无法拒绝

未婚妻的心意。所以我请老师来教我跳舞。

第一位老师性格豪爽，说话坦白，就做人而言，这是非常好的，但是作为老师而言，那就不是什么好事了。他首先让我们跟着他跳上一段，测测我们的水平。跳完后，他直白地告诉我："你的舞步完全不对，简直没有艺术细胞，必须从头学起。"他使我彻底地丧失了信心，虽然我们的学习尚未开始。我一气之下就辞退了他，又另外聘请了一位老师。

第二位老师做人比较圆滑，我能感觉到他说话总是有些虚虚实实的，不过我喜欢听。他告诉我："你的舞步有点乱，但是基本功还行。经过一段时间的练习，就能够跳出优美的舞步了。"

他的话给了我希望，我听了很高兴，下定决心认真练习。相比较第一位老师只注意我的错误，第二位老师无疑做的比较到位。他在点出我的错误时，又没有使我失去信心。我们的学习就此开始了。在学习的过程中，我总是能听到这样的鼓励："嗯，不错，对节奏很有感觉嘛！你真是天生的舞蹈家。如果你再注意一下肢体的协调性就更完美了。"

老实说，我从未觉得自己有跳舞的天赋，可是经他那么一说，倒好像我白白地浪费了这些天赋，否则现在已经是舞蹈界的高手了。就是这位老师，使我意识到，只要我稍加努力，我将会跳出漂亮的舞蹈。就这样，我一点点地进步，终于学会了跳舞。当然，我

也因此赢得了未婚妻的爱心。

这个故事告诉我们，如果我们在愤怒的情况下，狠狠地挖苦别人，说他们在某一件事上是愚蠢而没有任何天赋的。那样无疑会彻底地打击他们的信心，使他们陷入绝望，因此也会丧失改变的动力。不过，假使我们不是那样做，而是用相反的方法，去鼓励他们，让他们觉得容易去做，使对方知道，我们对他有信心，他有尚未发展出的才干，那他就会付出最大的努力；就会激发自己内心的力量，努力地改变自己，进而达到我们的要求。

汤姆士作为人类关系学上的艺术大师，他对这个技巧的运用简直是炉火纯青。他擅长用鼓励和信任，给人信心，给人勇气。我现在举出一个例子来：

最近我同汤姆士夫妇消磨周末，星期六晚上，他们约我一起玩“桥牌”。可是我对“桥牌”几乎是一窍不通。我不得不委婉地表示歉意。

可是汤姆士说：“戴尔，听好了，它并不像你想象的那么复杂，有难度。你只要用点记忆和判断就行了，此外就谈不上任何的技巧了。你曾写过一章关于记忆方面的文章，所以桥牌对你而言是很容易就学会的游戏。”

这是我有生以来，第一次坐在桥牌桌上玩桥牌而不是作为旁观者。我觉得汤姆士说的不错，这种游戏并不难。我很快就学会了。

说到桥牌，我想起了克白逊。他可是桥牌世界里的传奇人物。无人不知，无人不晓。他所著有关“桥牌”的书籍，已经译成十二种语言，销售发行的数量，不下一百万册。可是，他曾经这样跟我讲过——若不是有一个年轻少妇告诉他，说他是玩“桥牌”的天才，他一定不会以玩“桥牌”游戏为职业。

当他在1922年初登美国时，他打算找一个教哲学，或是社会学的职业，可是没有结果。他做过许多工作，比如帮人家推销煤，推销咖啡，不过都失败了。

当然，他跟桥牌扯上关系，那是因为桥牌游戏是他的爱好，生活的安慰。不过当时他并不很精通，而且也很固执，使得人们都拒绝跟他一起玩牌。

后来他遇到一位美丽的桥牌老师“狄仑”女士，对她产生了爱情，他们就结婚了。当时，狄仑注意到了他的天赋，他总是十分细心地分析自己手里的牌。狄仑就鼓励他做一个专业的桥牌手。就是这样的一句话，让克白逊开始认真研究起桥牌。后来，他取得了成功。他写了一本桥牌的教学书籍，已经翻译成十多种语言，销售了不下一百万册。

有时候，如果别人告诉我们，我们无药可救，我们就会破罐子破摔。我们不愿意把时间浪费在不可能的事情上。但是，如果别人告诉我们，我们的错误只是暂时的、表面的，我们很容易纠正。那

么我们就会很高兴地去改变自己。

所以，如果你要改变人们的意志而不触犯，或是引起反感，第八项规则是：用鼓励，使你要改正的错误，看来很容易做到和运用，将他人错误化小。

给予他人权威

给他人授权，你会变得很轻松。因为获得权威，这是人类的天性之一。所以，得到授权，他人就会更乐于去做你所希望他做的事情。

1915年，第一次世界大战在欧洲大陆爆发。到处都是残忍的屠杀，规模之大，为人类战争史上所罕见。远在太平洋彼岸的美国，为人类的疯狂而震惊。倘若事态无序地发展，那么美国也将不能独善其身。所以终止战争，实现和平，就成了美国总统威尔逊的决心。他决定派出一个代表，一个和平专使，去和欧洲那些军阀们会商。

当时盘旋在他脑海里的代表人选有好几个。其中就有当时的国务卿勃雷恩。他是主张和平最有力的人，主观愿望上最希望为这件事奔走。而他也看出这是个名垂千古的绝好机会。可是威尔逊总统考虑再三，决定派郝斯上校前往欧洲。郝斯上校是勃雷恩的好友。

所以他很在意勃雷恩的感受，他在考虑如何把总统的决定告诉勃雷恩，而不使他勃然大怒。

郝斯上校的日记上写着：“当勃雷恩听说我要去欧洲担任和平专使，显然他感到极大的失望。勃雷恩表示，这件事原本他是准备自己去的。”

我回答说：“总统认为派出国务卿这样重要的政府大员前往欧洲，是非常不适宜的。容易引起注意，对调停工作造成不利影响。”

这句话的暗示其实就是郝斯上校告诉勃雷恩，他是个多么重要的人，他所在的位置是何等重要，担任那项工作是极不适宜的。而勃雷恩满意了。

机警而富于社会处世经验的郝斯上校，他做到了人与人之间关系中，一项重要的规则，那是：“永远使人们乐意去做你所建议的事。”

威尔逊总统似乎很善于此道，他请麦克杜做他的阁员时，再次运用了这个手法。这是麦克杜自己叙述的故事：“威尔逊总统跟我说，他正在组织内阁，希望我担任财政部长。如果我答应的话，他会很高兴的。他把这件事说得叫人非常的开心；他使我觉得我如果接受这项荣誉，就好像我帮了他一个大忙。”

可是不幸的是，威尔逊总统有时候也会忘记这种手腕了。当然，人无完人，即使伟人也会犯错。威尔逊总统也不例外。

一战后，欧洲国家组建国际联盟。在美国加入国际联盟这一件事上，威尔逊犯了错误。在参加和平会议的时候，威尔逊带了两个党内并没有名望的人，拒绝带洛德等有着崇高社会地位的共和党党员随行。共和党当然觉得自己是委屈的，因为创办国际联盟是自己的意见，如今反而被抢了功劳。因此，他们对威尔逊总统怀恨在心，利用在众议院的席位，否决了加入国际联盟的提案。威尔逊前功尽弃，可惜啊。

我有一个朋友精于演讲，每天都有人排着队请他演讲。可是他应付不过来，一个人的精力始终是有限的。为此，他不得不推辞掉一些邀请。不过，他的做法很聪明，拒绝了别人的同时还令对方很满意。

他的做法是绝不单纯地说一句“对不起，我太忙了。”就应付了事。首先他对邀请方表示感谢，并且说，自己不能为对方演讲感到很遗憾。接着，他提议另外一个人代替自己演讲。如果我们是那个被拒绝的邀请方，就会发现，我们根本没有失望的时间，我们要的邀请仍旧有效，只是换了一个人。

拿破仑对于用荣誉去笼络人心，就做的很好。他建立了一支“荣誉军队”。他亲自颁发了一千五百多枚奖章给士兵，并给很多将军授予“大将”的称号。在他看来，授予他们这样的荣誉，会得

到他们忠诚的回报。因为这是在授予权威，没有人会拒绝的。

“万特”是纽约一家“万特印刷公司”的经理，他要改变一位技术师的态度和要求，而不引起反感。这位技术师负责管理若干台打字机，和其它日夜不停在运转的机器。他总是抱怨工作时间太长，工作太多，他需要一个助手。

可是那位万特先生，在既没有缩短他的工作时间，也没有替他添任何一个助手的情况下，仍然使这位技师高兴起来。原因何在？万特想出的主意很简单，他给那位技师一间私人办公室。办公室外面挂上一块牌子，上面写着他的名字和头衔“服务部主任”。

如此一来，他虽然仍然是修理匠，可是身份似乎比以前有了很大的提高。现在他是主任了，不是人人都可以随便下命令吆喝使唤的人了。他获得了权威，别人的尊重。因此，再也不抱怨了。

再看看琴德太太是如何保护她的草坪的。琴德太太家里有一块草地，常被那些顽皮的孩子所踩坏，使她受到很大的困扰。尽管她对那些孩子劝告、吓唬，可是根本不管用。后来她想出了一个办法。

她从那群孩子中间，找出一个最坏的孩子，并给那孩子一个名衔，使他有一种权威的感觉。就像战场上总统授予将军指挥权一样。接着，她让那个被她招安了的孩子做密探，专门侦察那些侵入她草地的孩子。她这个办法果然有效。做她密探的那个孩子，在后

面院子燃起一堆火，把一条铁棍烧得红红的，恐吓那些孩子，谁再闯进草地，他就用烧红的铁烫谁。

这就是人类的天性。当我们给他人授予权威时，他就会顺从我们的意思，改变自己。所以你想要改变他人的意志，请记得运用：授予他人以权威。

第四章

优美而令人愉快的谈吐

正确认识自我

卡耐基非常重视“自我实现”(SelfConcept)，也即自我观。他认为“自我观”是决定人们各自行为方式的重要因素。每一个人，无论是聪明或愚蠢，他的表现都是与其当时的“自我观”相符的行为。没有人会去做一件在当时他认为与自己的身份、年龄、性别、能力以及他本身任何一方面不相宜的事情。就像穿衣服，你会选择和你的年龄、职业相称的服装，讲话时会选择和自己身份相称的词句，甚至外出吃饭也会选择与自己的社会地位、经济能力相称的场所……总而言之，每个人都会依照他的自我观点，来决定哪些事他可以做，哪些不可以做，或是该怎样去做好一件事情。因此别人也就能够根据他通常所表现出的行为，对他有所了解和认识。

如果某一个人对于自己各方面的印象，认为都和实际情况颇为接近，也就是说，他有着比较正确的“自我观”，那么他所表现的行为自然会很恰当。一般情况下，人们在自我认识的过程中，总是

或多或少的存在着一定的误差。一个人之所以不易于建立正确的自我观，往往是因为许多方面的品质不能直接衡量，而间接得来的资料又不十分可靠的缘故。

卡耐基认为，当一个人走入人群，不能很清楚地表现自己独特的一面，而只是成为人群中的一分子的话，这个人的个人形象明显存在缺憾。缺乏个性化的特质将很难引起别人的注意，当然更谈不上与人成功沟通了。

卡耐基认为，自我认识也是了解他人的欲望与行动最有效的方法。如果你能够正确地认识自我的欲望、动机与情感，并由此推测别人，你便能够了解他人的欲望、动机与情感。只要你具有洞察自我的能力，你就可以这么想：“既然我对这件事会有这样的反应，我相信对方一定也是如此。”例如，你的面前有一盘很好吃的蛋糕，你很想吃，这时你就可以推论，坐在你身旁的那个人同样也想吃那块蛋糕，于是你就可以分一半给他。相信他在高兴之余，一定也会因被你猜中了心事而对你表示出由衷的佩服。

想要真正了解自我，必须养成与自己“对话”的习惯。需要提醒的是，这里所说的与自己对话，不是指单纯地将目光转向自己。

相信你也曾注意到，平常人们在做事时若身边有其他人在，所表现出的态度便会和一个人独处时不一样。还有，有些人总是会对别人的事情过分介意；总是过度担心自己在公众心中的形象；总是

认为自己的表现不够理想等，这些都是因为他们没有做到和自己好好“对话”的缘故。

要怎样才能做到与自己良好“对话”呢？你只需每天抽出一点时间就可以了。当你一个人独处时，你可以把自己此刻的感觉、感情、想法等在心中一一过滤，检视一下自己的心态是否正确、是否平衡，这就是与自我进行“对话”的最好方式。

想要更好地与自我对话，就必须正确认识所谓的“自我”。每个人都有两个自我。一个是意识中的自我，另一个是无意识中的自我，而平时的一举一动、一言一行，几乎全部是在无意识的自我控制之下进行的。看清无意识中的自我，并与自己“对话”，就可以了解到自己真正在想些什么？自己的性格倾向如何？怎样做才会使自己心安理得？出现障碍时，最主要的原因是什么？该如何待人处事等。如果这些你都能做到，那你就是真正了解自己的人了。

接下来要做的是设法了解自己在别人心目中的印象。不过，在现实生活中，虽然大家都迫切地想了解自己，但有些人却认为真正看清自己是件很可怕的事，尤其难以接受自己在他人心目中的形象，一旦有人当众指责自己的缺点，他们就会不由自主地产生恨意，心中油然升起对此人的厌恶感。所以，在很多情况下，人们都不会主动指出他人的缺点。

卡耐基认为，在这种情况下，你可以向亲人或较亲近的朋友询问你在他们心中的印象，听听他们对于自己各方面的看法。当然，对于别人的指责，我们应该冷静的接受。不过，只向亲友讨教显然是不够的。所以，应尽可能地多掌握一些有关自己特性方面的认知，这样准确性会高一些，才能更清楚地了解自己，从而提高自己的沟通能力。

成为一个优秀的谈话者

有这样一个聪明的女士，她尽管说得很少，但却享有盛名，被公认为是一个优秀的交谈者。她在与人交谈时的态度非常热诚且善解人意，因此，在她面前，即便是最羞怯最胆小的人，也会在她的鼓励下谈论自己身上最美的闪光点，并感到自己能轻松自如地和她谈话。她解除和驱逐了别人的担忧和疑虑，使得他们能够畅所欲言，向她诉说无法向其他人诉说的东西。

人们都会认为这样的人是一个有趣的、成功的谈话者，因为她能够挖掘别人身上最优秀的内涵。如果你也想使自己成为一个令人愉悦的人，就必须想方设法地了解与你对话者的生活，并且用他们最感兴趣的内容来打动他们。不管你对一个话题是多么的了解，如果它不能令你的谈话对象产生兴趣，那么你的努力大半都是徒劳的。

高明的谈话者总是机智得体的——他在逗趣的同时不会冒犯和得罪他人。如果你想令他人感到诙谐有趣，你就不能戳伤他们的

痛处，或者是对他们的家庭琐事喋喋不休。一些人有那种特殊的品质，他们能够准确地挖掘其他人身上最美的闪光点。

林肯就是这样一位非凡的语言艺术大师，他在任何人面前都能做到诙谐风趣。他常常用生动有趣的故事和玩笑使得别人彻底放松紧张的心情，所以，很多人在林肯面前都感到非常轻松自如，以至于愿意毫无保留地向林肯倾诉心底的秘密。陌生人也乐于和他谈话，因为他是如此的热诚和风趣，和他谈话时如沐春风，并且会受益良多。

像林肯所具备的这种幽默感当然是增强谈话感染力的重要因素，但是，并不是每个人都能如此幽默风趣；如果你缺少幽默的天赋，而又企图牵强地制造幽默，往往会适得其反，令你自己显得滑稽可笑。

然而，一个高明的谈话者必须不能过于严肃或不苟言笑。他不能过多地列举一些枯燥的事实，不管这些事实是多么重要。因为枯燥的事实和单调乏味的统计数据只能令人感到沉闷和厌烦。生动活泼是高明的谈话所不可缺少的，但又不能流于轻浮。因为沉重的谈话固然惹人厌烦，过于轻浮的谈话同样令人反感。

因此，要想成为一个优秀的谈话者，你必须做到自然而不造作，活泼而不轻浮，富于同情心而不惺惺作态，你必须从心底流露出一种善良的意愿。你必须真正感觉到那种乐于帮助他人的热诚，

并且全身心地投入到那些令他人感兴趣的事物之中去。你必须吸引人们的注意力，并且通过打动他们的内心来牢牢地抓住他们的注意力，而这只有借助于一种令人感到温暖的同情和共鸣，一种真正友善的同情和共鸣才能做到。如果你是冷漠的、缺乏同情心的、拒人于千里之外的，你根本不能抓住他们的注意力。

你必须胸怀开阔，宽容他人。一个胸襟狭小、吝啬小气的人永远都不能成为高明的谈话者。如果某人总是对你的个人爱好、你的判断力、你的鉴赏力横加干涉，那么你永远都不会对他感兴趣。如果你紧紧地封锁了任何一条可以靠近你的心灵的途径，所有沟通和交流的渠道都对别人关闭了，那么，你的魅力和热诚就由此被切断了，你们之间的谈话只能是漫不经心的、马马虎虎的和机械单调的，不会带有任何活力或感情。

你必须使你的听众靠近你，必须开放你的心灵，并以一种最自然的状态去拥抱对方。你必须先作出响应，然后他人才会毫无保留地向你展示自己，使得你自由地进入他的内心最深处。如果一个人在任何地方都是成功者，那么其奥秘只能在于他的个性，在于他拥有一种能够以强有力的、生动有趣的语言有效地表达自己思想的能力。他没有必要通过罗列财富清单的形式向人展示自己有多成功，事实上，只要他一开口说话，财富就会源源而来，他的表达能力就是他最大的财富。

把自信写在脸上

自信心指的是一个人对自身能力与特点的肯定程度。这种肯定程度直接影响到人们的说话胆量。

卡耐基曾经表示，倘若具有高度的自信心，人们在各种人际关系中都容易显得落落大方，谈吐流畅，自己内在的各种能力也都能得到正常的发展。相反，缺乏自信心，就会使内心感觉空洞无力，心理失衡，这必然就会造成两种后果：其一是自卑，其二就是过于自尊。

自卑，是一种惟恐被轻视和排斥的恐惧心理，这种心理压抑了亲近他人的欲望，使人不能轻松自如地与他人交往，羞于在大庭广众之下表现自己。而自尊，则是表面上看起来凡事漠不关心，但内心却很虚弱，恐怕被人瞧不起，于是便将自己裹上一层甲壳，不与外界接触，形成一种心理上的封闭状态。自卑高于自尊，就会使得说话者语言猥琐，失去个性，措辞过于小心，听话过于敏感，从而

降低了自己对他人的吸引力。因此，对于人际交往来说，缺乏自信心是一种严重的心理障碍，必须克服。

自信，就意味着对自己的“信任”、欣赏和尊重，意味着胸有成竹，处事有把握。如果一个人对自己的说话能力都不信任，不欣赏，不尊重，不悦纳，那还怎么能指望他人对自己的说话产生兴趣呢？充满信心的语言，往往会因其内在力量而具有特别的动人的魅力。某大学在竞选学生干部时，有位身体弱小的学生面对云集的强手，大声疾呼：“请投我一票，我将竭尽全力为大家服务。”强烈的自信心和切实可行的措施，使他的语言具有很大的吸引力和感召力。

具有高度的自信心，不仅可以直接增加说话的吸引力，还可以弥补自身某些方面的不足，增加整体人际吸引力。一个人在人际关系中是否具有人际吸引力，以及这种吸引力的强弱程度如何，往往取决于许多因素的共同影响，如思想水平的高低，文化素质的深浅，内在气质的雅俗，性格情绪的隐显以及身材外貌的美丑等。但要想在这众多方面都达到相当高的程度，或者达到使对方满意，那几乎是不可能的。而一个人在说话时所表现出来的高度自信心，可以在一定程度上弥补其他因素的不足。

生活中，有许多天生的因素可能会影响我们的人际吸引力。比如身材矮小便属其中之一。

如果一个身材矮小的男孩子坚定自信，当他爱上某个姑娘时，就会暗自地想：英国诗人济慈，身高才1.52米，他能以诗歌征服全世界；而我身高1.64米，难道就不能以我的品格、我的才华、我的语言去征服一个姑娘的心？经过一段时间的交往，与之相爱的姑娘就会觉得，他不就是短那几厘米吗？但他值得信赖，可以依托，铁骨铮铮，是个男子汉。可想而知，身材矮小并不会影响他与姑娘的恋情。相反，如果这位男孩子因自己的身材不高而自卑自惭，在姑娘面前低声下气，言听计从，俯首帖耳，百依百顺，姑娘反而会厌恶这种没有自信心的人，认为这种人即使身高1.80米，也还是一个“矮子”。

这个例子也正说明了自信心是何等的重要。然而，不仅在日常生活中，在各种正式场合，自信心也是提高说话吸引力的一个重要因素。

例如，菲律宾前外长罗菲慕洛，穿了鞋才1.63米，比其夫人还矮一截。可他凭着强烈的自信心，一次次地在外交事务中出色地完成任务，创下了许多业绩，也正是他那些充满自信的语言，使他获得了全世界人民的瞩目。所以，有一次他的夫人接受采访时说：“我情愿躺在我丈夫的影子里，沾他的光。”

借助别人培植核心

卡耐基认为，不论是处在任何情况、任何状态之下，绝没有那种动物是天生的大众演说家。当众讲演是一门精致的艺术，必须谨遵修辞法与优雅的演说方式，因而，要想做个天生的大众演说家那是极其困难的，是经过艰苦努力才能达到的。现在我们却把当众演说看成一种扩大的交谈。以前那种说话、动作俱佳的方式、如雷贯耳的声音已经永远过去。我们与人共进晚餐、在教堂中做礼拜或看电视、听收音机时，喜欢听到的是率直的语言，依常理而构思，专注地和我们谈论问题，而不是对着我们泛泛而谈。

当众演说不是一门闭锁的艺术，并不像在学校学知识那样容易，必须经过多年的美化声音以及苦学修辞，才能成功，而平常说话轻而易举，只要遵循一些简单的规则就行。对于这一点，卡耐基有深刻的体验。

1912年，他在纽约市青年基督协会开始教授学生时，讲授那

些初级方法，同他在密苏里州的华伦堡上大学时受教的方式大同小异。但是他很快发现，把商界中的大众当成大学新生来教是一种很大的失误，对演说家韦伯斯特、柏克匹特和欧康内尔等一味模仿也毫无裨益。学生们所需要的并不是这些，而是在下回的商务会议里能有足够的勇气直起腰来，做一番明确、连贯的报告。于是他就把教科书一股脑儿全抛掉，用一些简单的概念和那些学生互相交流和切磋，直到他们的报告词达意尽、深得人心为止。这一种教学方法果然奏效，因为此后他们一再回来，还想学得更多。

在卡耐基的一生中，收到的感谢信可以堆积如山。它们有的来自工业领袖，有的来自州长、国会议员、大学校长和娱乐圈中的名人，有的来自家庭主妇、牧师、老师、青年男女，有的则来自各级主管人员、技术纯熟或生疏的劳工、工会会员、大学生和商业妇女等。所有这些人都感到需要自信，需要有在公开场合中表达自己的能力，好让别人接纳自己的意见。他们在达到目的之后，就满怀感激地给卡耐基写信，以表示谢意。

根特先生是费城一位成功的生意人，有一次下课以后，邀请卡耐基共进午餐。餐桌上，他倾身向前说：“卡耐基先生，我曾避开各种聚会中说话的机会，但是如今我当选为大学里董事会的主席，必须主持会议。你想，我在这半百之年，是否还可能学会当众演说？”卡耐基说：“先生，你一定会成功的。”

三年以后，他们又在那个地方共进午餐。卡耐基提起从前的谈话，问他当初的预言是否已经实现。他微微一笑，从口袋中拿出一本小小的红色笔记本，给卡耐基看他往后数月里排定的演说日程表。“有能力做这些讲演，讲演时所获得的快乐，以及我对社会能够提供额外的服务——这一切都是我一生当中最高兴的事。”根特先生承认道。接着，他又得意洋洋地亮出王牌，他邀请英国首相前来费城为一次宗教会议做演讲。就是这位先生，三年前还在这张桌边倾身问卡耐基，他是否有朝一日能够当众讲话呢。

根特先生的演讲能力进步如此神速，在卡耐基看来，就同他的心理素质及自我认识的改变密切相关。想象一下当你信心十足，与听众共享自己的思想和感觉时得到的满足和舒畅。卡耐基说，他曾数度环球旅行，但是凭借语言的力量操纵全场听众的那种快乐，却是别的事物无法比拟的，因为它会使人有一种力量感，一种强劲感。那感觉就像一位毕业生曾经说过的话：“开始说话前两分钟我宁可挨鞭子，就是开不了口；可是说到临结束前两分钟时，我又宁可吃枪子儿也不愿停下来。”

现在就开始想象自己面对着观众。想着自己满怀信心，迈步向前，听听你开讲后全场的鸦雀无声；感觉一下在你发表高见之际听众的全神贯注；感受一下你离开讲台时掌声的温馨；并听听讲演结束后个别的听众对你的赞赏。

哈佛大学最杰出的心理学教授威廉·詹姆斯曾写下六句话，很可能对你一生发生深远的影响。这六句话就是阿里巴巴勇探宝穴的开门口诀：“倘若你对某项结果足够关心，你自然一定会完成。如果你希望做好，你就会做好；若你期望致富，你便会致富；若是你想博学，你就会博学。只有那样，你才会真正地期盼这些事情，并一心一意地去做，而不会费许多心神再去胡思乱想其他不相干的杂事。”

热情赢得对方的合作

热情的能量能点燃事业兴旺的火焰，也能消融人们心中冷漠的冰雪。

有一个孩子非常喜欢拉小提琴，7岁时就和旧金山交响乐团合作演奏了门德尔松的小提琴协奏曲，未满10岁就在巴黎举行了公演，被人们誉为神童。

1926年，10岁的小男孩在父亲的带领下，来到巴黎拜访艾涅斯库，他一心想成为艾涅斯库的学生。

他说："我想跟您学琴！"

艾涅斯库冷漠地回答："你找错人了，我从来不给私人上课！"

男孩坚持说："但我一定要跟您学琴，求您先听听我拉琴吧！"

艾涅斯库说："这件事不好办，我正要出远门，明天早晨

6：30就要出发！”

男孩忙说：“我可以提早一个小时来，在您收拾东西时拉给您听，好吗？”

艾涅斯库被男孩的坚定意志打动了，他说：“那好吧，明早5：30到克里希街26号，我在那里等你。”

第二天早晨6：00，艾涅斯库听完了男孩的演奏。他兴奋而满意地走出房间，对等候在门外的男孩的父亲说：“我决定收下你的儿子。不用付学费，他给我带来的快乐完全抵得过我给他的好处。”

男孩从此成为艾涅斯库的学生，他努力学琴，最终学有所成。他就是后来的世界著名小提琴演奏家梅纽因。

因为那股想要能让艾涅斯库指导自己琴艺的热情，所以梅纽因执着地要求他听一下自己拉琴，甚至在艾涅斯库明显的拒绝之后仍然不愿放弃，愿意在清晨5：30分来拉琴给收拾行装的艾涅斯库听。最终，因为这样的热情、执着和本身非凡的琴艺，梅纽因如愿成为艾涅斯库的学生。

在许多时候，就如同毕业于哈佛的拉尔夫·爱默生所说的：“一个人如果缺乏热情，那是不可能有所建树的。热情它是在别人说你‘不行’时，发自内心的有力的声音——‘我行’。”只要你再坚持一点，再执着一点，成功就近在眼前了。

另一个故事发生在一个雨天的下午，有位老妇人走进匹兹堡的一家百货公司，漫无目的地在公司内闲逛，很显然是一副不打算买东西的样子，大多数的售货员只对她扫一眼，然后就自顾自地忙着整理货架上的商品，以避免这位老太太麻烦他们。其中一位年轻男店员看到了她，立刻主动地向她打招呼，非常热情地问她，是否有什么需要帮忙的。这位老太太对他说，她只是进来躲雨的，并不打算买任何东西。年轻店员说，他们同样欢迎她的到来。

他主动地和她聊天，以显示他欢迎的诚意。当她离开时，年轻人还陪她到门口，替她把伞打开。这位老太太向年轻人要了张名片就上车了。

此后的一天，年轻人突然被公司老板召到办公室，老板向他出示了一封信，是位老太太写来的。这位老太太要求这家百货公司派一名销售员前往英格兰，代表该公司接下装修一所豪华住宅的工作。

这位老太太就是钢铁大王卡内基的母亲。在信中，她特别指定这名年轻人代表公司去接受这项工作。这项工作的交易额十分庞大。

是热情让这位年轻人找到了财富增值的机遇，热情就有如冬日里温暖的阳光，让每个人都感到暖意融融，并为之深深打动。

热情是一种良好的心态，它还能消除你在工作、生活中的压

力。

著名大提琴家P·卡萨尔斯当年已九十高龄，还是每天坚持练琴4～5小时，当乐声不断地从他的指间流出时，他俯曲的双肩又变得挺直了，他疲乏的双眼又充满了欢乐。

美国堪萨斯州威尔斯维尔的E·莱顿直至68岁才开始学习绘画。她对绘画表现出极大热情，她在这方面获得了惊人的成就，同时也结束了折磨过她至少有30余年的苦难历程。

美国文学家R·爱默生曾写道：“人要是没有热情是干不成大事业的。”大诗人S·乌尔曼也说过：“年年岁岁只在你的额头上留下皱纹，但你在生活中如果缺少热情，你的心灵就将布满皱纹了。”

只有有了热情，人们才能把额外的工作视作机遇；才能把陌生人变成朋友；才能真诚地宽容别人；才能爱上自己的工作。有了热情，人们就能产生浓厚的兴趣和爱好；就会变得心胸宽广，抛弃怨恨和仇视；就会变得轻松愉快，当然，还将消除心灵上的一切皱纹，也就没有了生活的挤压感。

为对方的情绪考虑

推销大师吉拉德说：“当你认为别人的感受和你自己的一样重要时，才会出现融洽的气氛。”我们需要多从他人的角度考虑问题，如果对方觉得自己受到重视和赞赏，就会报以合作的态度。如果我们只强调自己的感受，别人就会和你对抗。

有6位顾客拒绝向一家汽车公司支付服务费，理由是某些账目出了错。但事实上，每项服务完成时他们都签了字。因此公司认为他们确实享受过那些服务，于是公司派出业务员催讨这些账款。催账的业务员分别拜访了每一位顾客，并声称公司有足够的证据证明他们享受过那些服务，因此毫无疑问是他们自己出了错。他还暗示，公司的专业人员对汽车的技术问题远比顾客懂得多，因此没什么可争论的。结果呢？他们恰恰为那些“没什么可争论的”问题争了起来，欠款自然也就无法收回。

事情搞僵了之后，贷款部经理准备和那些顾客打官司。这件事引起了总经理的关注，他调查了这几位顾客的信誉状况，发现他们以前付账都很爽快。他意识到这里面一定有什么不对，于是，他让善于处理纠纷的詹姆斯·托马斯去收取这些账款。

托马斯也知道这笔账款绝对没错，但他对此只字不提。他向顾客解释说，他来调查公司是否有什么疏忽的地方。在顾客陈述完自己拒付的理由之前，托马斯没有发表任何意见，他只是耐心地听，并对顾客的谈话表现出足够的兴趣和同情。等到气氛完全缓和下来时，托马斯决定唤起顾客的高尚动机。他对顾客说："我也觉得这件事我们没有处理好。我们公司的代表曾给你带来了麻烦，使你觉得不快，我真的很遗憾。我也是公司的一名代表，我代表公司向你道歉。我听了你的说明，我认为你是一个非常喜欢公平的人，因此我想请你帮我一个忙，我相信你比任何人都有资格做这件事。这里有一张你的账单，请你自己对这张账单作一下估价，数额由你决定，你说多少就算多少。"

托马斯对6位顾客都使用了这种说话方式，结果他们全都表现得很慷慨。除了一个人对某项有问题的款项坚决拒付外，其他5个人全都按最高额付了款。最神奇的是，在随后的两个月之内，这6位顾客都向托马斯订购了新车。

从这个故事中不难看出，与人相处时，应该考虑对方的感情，看他是否乐意，心中有何想法，是否接受请求。

因为人是感情的动物。我们主观上讲逻辑、讲道理，但不应该忽视感情这一点。如果你想跟别人建立成功的关系，就要考虑到别人的感情。正如有人曾说过："在与人交流中讲感情比讲理性更能成功。"又如小说家约瑟夫·康拉德说的："给我合适的字眼、合适的口气，我可以把地球推动。"

只有考虑到别人的情感，照顾到别人的情绪，在请人办事时才有可能被人接受，不至于被一口回绝。

管住自己的舌头

大卫的父母离婚后，协议规定他和母亲一起生活。由于手头拮据，母子二人只好搬到另一个城市去。于是大卫也要到一所新的学校去上课，结交新的朋友。这种种变化叫他伤透了心。他开始对那些父母没有离婚的孩子感到反感，而且经常因为很小的矛盾或无缘无故跟人打架。在这种痛苦的生活中，他养成了对人过分苛求的习惯。他几乎对谁都没有一句好话。

一天，有个对大卫的情况十分了解的同学走到他身边。“我父母也离婚啦。”他轻声地说，“我知道你心里难受。不过，你得抛弃你的怒气和痛苦。你跟别人过不去，这只能伤害你自己。要是你没法说点儿什么好话，那你最好什么也别说。”

由于痛苦，大卫最初的确很难接受这位同学的建议。但情况似乎变得越来越糟，他开始对自己的谈吐变得比较谨慎了。他经常把马上就要冲口而出的话咽回去；若是在以前，他的这些伤害人、

挖苦人的话简直是没遮没拦的。他开始意识到他从前对身边同学的关心是多么不够。随着理解的扩大，他开始明白，像他一样遭受家庭变故的不只他一个人，许多其他孩子也经历过令人难堪的家庭解体。大卫开始想办法去鼓励他们，帮助他们处理好自己的痛苦与茫然。到学期结束时，大卫的态度产生了一百八十度的根本转变，并获得了那些当初由于他管不住自己的脾气而与他疏远了的同学的好感。

无论是谁，都可能像故事中的大卫一样在家里、学校或工作中，经历过精神上受到压抑的情形。当事情进展不顺利时，我们就往往忍不住责怪别人，我们或许认为，找别人的错，能使我们对自己所处的状况觉得好受点儿。但也可能是这样想的：我不好过，你也别想好过。

在我们每个人都曾经历过的“沮丧”时刻里，如果我们不能对人有益的好话，那我们最好还是什么也别说。破坏性的语言，往往会产生破坏性的结果。除了会给周围的人造成不必要的痛苦之外，从我们口中说出的那些消极性的话语往往只会使问题变得复杂起来。

在生活中遇到了难于应付的挑战，人们就可能认为，说些粗野和伤人的话是有道理的。上文提到的那个父母离了婚的孩子，受着许许多多他无法理解、无法解决的感情和情绪的折磨，所以他自以

为自己有理由去讨厌并伤害别人。但他最终还是发现，贬低和伤害他人并不是解决问题的办法。通过客气和富于理解的言词，或干脆怀着同情听别人说话，他终于学会了帮助他人；反过来，他又受到了周围人们的帮助，而他终于在自己身上找回了生活的勇气。

当我们遇到灾难或烦心的事儿，倘若我们还记着应与面前的事物保持一定距离，直至能够看清与之相联系的背景为止；倘若我们学会了“管住自己的舌头”，那么，我们也许就能避免说出许多具有破坏性的话。在生活的各个方面，倘若人们背着沉重的思想包袱，这对他们自己和其他人，都会产生致命的影响，因为这些思想问题所强调的是否定的而不是积极的方面。因此，重要的是我们要懂得，创造性的思想产生于不断寻找答案的过程之中。

有句久经时间考验的名言：“你如果没有好话可说，那就什么也别说。”这实在是你在一天之中该说些什么话的座右铭。倘若你出于某种原因而感到沮丧，如有必要，可以找朋友或师长谈谈。每个人都有不顺心的时候。当你感到情绪有些不对头时，千万别发作，以免伤害别人，因为别人也同样需要听到些表示理解和支持的话。对自己要说出的话，要时刻保持警惕。

要记住，不愉快的时刻迟早会过去，如果我们的舌头没有闯祸，就不会留下需要医治的创伤。

第五章

快乐的心境

只想开心的事

几年前我接受过电台的采访，回答了这样一个问题：“你一生中经历的最大教训是什么？”这个问题回答起来很容易：“一个人的思想观念对自身有重大的作用。”这是我迄今为止得到的最大教训。

人的思想造就了一个人，因此如果我能了解一个人的思想，就基本能了解这个人。态度决定命运，著名作家爱默生说过：“人是自我认知的产物，这不正是人有自己的思想吗？”

我可以肯定我们所面临的最大问题是如何“选择”正确的思想观念，事实上这也是我们要解决的唯一问题。如果我们选择了正确的思想观念，那么问题就会迎刃而解。罗马皇帝奥勒留，也是一位造诣颇深的哲学家，他曾用六个字来总结自己和每个人的命运：“思想塑造人生。”

如果我们积极乐观的看待世事，那么我们就是快乐的，反之

如果我们用消极的态度思考问题、看待生活，那么我们就是悲哀和令人怜悯的人。如果我们心里总想着失败，就注定会失败；如果我们心怀恐惧，便会对世界产生畏惧；如果我们有病态的情绪就会真的生病；如果我们终日顾影自怜，那么所有人都会离你而去。诺曼·皮尔说："你所认为的你并不是真正的你；你如何认知自己，你就会成为那样的人。"

我并不是在宣扬盲目无知的乐观主义，人生不会这样简单。我所提倡的是以积极的态度取代消极情绪，也就是我们应当关注自身面临的问题，而不是因为这些问题而郁郁寡欢。两者是有很大区别的。当你在拥挤的纽约街道上遭遇交通拥堵时，你会想自己该做些什么来解决这个问题，而不只是为之焦虑和担忧。面对问题的时候，首先应当是认清问题，然后再冷静地思考解决问题的方法，这才是处理问题的关键。而忧虑只会让我们在慌乱中不知所措，最终时间耽误了，也仍然找不到解决问题的方法。

一方面我们要密切关注现实状况的进展，另一方面仍要以一颗平常心在人生的道路上继续前进。托马斯就是这样度过人生中最为艰难的日的子，我很荣幸认识他并推荐他的影片给各位。

他与助手们曾六次涉险，亲临战场拍纪录片。他所拍摄的纪录片以《阿拉伯军队》和《艾伦比征服圣地》这两部最为精彩。后来他以"巴勒斯坦的艾伦比与阿拉伯的劳伦斯"为题在伦敦及世界各地进行演讲，震惊了一大批人。为了让他继续讲述那惊心动魄的事迹和展示相关影片，伦敦歌剧季被延后了整整六个星期，他每到一处就会掀起一阵热流。此后他又用了两年时间拍摄印度和阿富汗地区的纪录片。

但不幸却接踵而至，他最终在伦敦宣布破产。当时我和他在一起，他向一位艺术家朋友借钱，但这也只能够使我们吃最便宜的晚餐。

托马斯面临着巨大的债务，却并没有一味地沉浸在忧虑中，而是明确认识到了自己现在的处境。他清楚地知道如果自己被困难击倒，将会令所有人失望，也会在借钱给自己的人面前颜面无存。

从此他每天早上离家时都会在上衣兜里插一朵花，然后昂首挺胸地走上大街，以一种积极勇敢的态度面对生活。对他来说挫折也是一种体验，使我们在攀向事业高峰的途中得到很好的磨练，我们的心理状态对生理能力有着令人难以置信的影响力。

著名的英国心理学家海费德在他只有54页却成就颇高的书中写道："我邀请三个人参加心理对生理影响的测试，测试工具是握力计。"人在正常清醒的状态下的平均握力是101磅。

第一次实验是将三个人催眠，并暗示他们很虚弱，结果他们的握力降到了29磅，连正常握力的1/3都不到（三个人中有一个是拳击冠军，被催眠后也被告知身体虚弱，结果他感到自己一点力气都

没有）。

第二次实验，他们进入催眠状态后，并被告知自己很强壮，结果他们的平均握力达到了142磅。结果显示当人们内心充满了积极向上的信念时，那么自己的力量就能够提升将近50%。

这就是让我们难以置信的自我认知力量。

还有一个让人震惊的故事可以用来说明认知的力量，而我只能大概地来说，因为如果详细地说，一本书都说不完。

事情发生在南北战争刚刚结束的时候。

十月的一个晚上，一个名叫艾迪的女人无家可归，只能在街上游荡，当来到退休船长韦伯斯太太家的时候，她敲了敲门。

门开了，韦伯斯太太看到一个体重不到100磅的瘦弱女人。

艾迪说，她需要一个落脚地儿。她想好好地思考一下自己的问题，并找到解决的办法。

热心的韦伯斯太太收留了她，让她和孤单的自己做个伴。

不过好景不长，韦伯斯太太的女婿恰好从纽约回来度假，发现一个流浪的女人在家，立刻恼怒地说道："不能让一个无赖留在家里！"他把艾迪赶出了门。

艾迪茫然地在街上走了很久，才找到了一个可以避雨的地方。

那个被赶出门外的流浪女人，就是后来思想界颇具影响力的女性：玛丽·贝克·艾迪。她创立了基督教心灵治疗学，并拥有数

百万的信徒。可在此之前她本人却曾经充满了疾病、灾难和不幸。

她的第一任丈夫婚后不久就死去，第二任丈夫又因为有了新欢而无情地遗弃了她。她只好与儿子相依为命，但因为贫穷和生活的压力，她不得不把四岁的儿子送给他人抚养。最后，她的儿子去向不明，与她整整31年都没见过面。

她的身体一直不好，于是对“心灵治疗学”产生了浓厚的兴趣，她生命中的转折点就发生在这个时候，严格来说是发生在麻省的一个寒夜里。

那天，她独自一人在街上行走，突然滑到在结了冰的道路上。摔倒之后，她立刻昏迷不醒了。她的脊椎受损严重，并引起全身痉挛。医生诊断后，认为她很快就会死亡，并说即使奇迹发生，她活了下来，也是终身瘫痪，无法再继续行走。

艾迪只能躺在病床上等死，她翻开《圣经》，看到了《马太福音》里的一段话：“他们把一位不能行走的人用担架抬到了耶稣的面前，耶稣对他说：‘孩子，别担心，我已经赦免了你。站起来，带着你的床回家去吧！’于是，那人站了起来，回家了。”

艾迪后来回忆说，那时耶稣的话在她内心产生了一种力量，一种让人振奋的思想。她感到那些话仿佛有治愈疾病的力量，仿佛可以使她“立即下床行走”一样。

那次经历，就像苹果落地对牛顿的意义是一样的，引导着她去

发现可以治疗我自己以及疗治他人的方法。她充满了信心，而所有的信念和勇气都源于内心的力量，一种客观的心理认知现象。

从此，玛丽开创了基督教新的派别：基督教心灵治疗派，这个现在已经流行于全世界的伟大信仰，就是由这位女性所创立的。

或许你会认为这本书的作者肯定是基督教心灵治疗派的门徒，其实我并非这个教派的教友，只不过是一个年事已长、并深信思想力量的无比伟大的人。多年的成人教育经验告诉我，人是可以通过改变想法来消除忧郁、恐惧以及病痛的，并进而改变自己的命运。对此我一直深信不疑！因为多年的见闻证明，这种改变一直在上演。

思想的力量所带来的改变，就发生在我的一个因深度抑郁而崩溃过的学员身上，下面就是他的个人自述：

所有的事情都让我发愁。我担心自己永远攒不够钱娶妻成家，愁自己太瘦，愁自己掉发。我甚至害怕自己做不好一个父亲，也担心会失去心爱的女人。我常觉得日子过得不如意，也担心自己给别人留下不好的印象。我害怕患上胃溃疡而无法胜任工作，最后不得不辞职。我不断地给自己施加压力，就像一个永不停歇的齿轮，而当运转到一定程度，齿轮就会损坏殆尽。

如果你没有体验过精神崩溃的痛苦，那就向上帝祈祷吧，但愿你永远不会有那样的经历，因为生理上的病痛永远无法与精神上的

病痛相比。

我精神崩溃后，情况很严重，甚至到了无法与家人正常沟通的地步。我控制不了自己的思想，内心充满了恐惧和忧虑，哪怕是很小的声音也能让我焦躁不安、暴跳如雷。我开始躲避一切，常常藏在无人的地方痛哭流涕。

我认为自己被所有人抛弃了，没有人会理会我，甚至是万能的上帝。我甚至想要自杀，以结束这样苦不堪言的折磨。

后来我决定去佛罗里达州旅行，希望新的环境能改变我的这一困境。我上了火车，父亲在我走前递给我一封信，并告诉我到了目的地才能打开。这时候正是佛罗里达州的旅游旺季，我没能订到房间，索性租了间汽车旅馆。我原本计划到迈阿密找份货船上的工作，但是没能如愿，只好成天在海滩上消磨时间，而这样的日子比在家时还要难过。

我想起那封信，于是就打开来了。信上写到："孩子，你现在距家有1500英里，但你并没有觉得有什么变化，是吗？我可以想象你不会感觉到有什么特别之处，因为你把烦恼也一同带去了，而那烦恼的根源就是你自己。你在生理和心理上都是健康的，也没有受到不幸的遭遇或伤害，真正让你心烦意乱的是你对现实世界的想法。一个人的想法决定了他将成为什么样的人。我的孩子，等你想明白了，就回家吧，因为届时你已经痊愈了。"

父亲的这封信激怒了我，我希望得到的是同情而并不是任何教训。我气愤之下决定永远不再回家。

那晚，我在迈阿密街头游荡，路过一个正在举行礼拜的教堂，正好也无处可去，我便溜进了教堂。“战胜自己的心灵比占领一座城市更加伟大……”里面的神父这样说着。我安静地坐着，觉得他说的那些跟我父亲信中所说的都是同一个道理。

终于，我开始相通了，也不再忧虑和担忧。想清楚了这一点，我立刻觉得神清气爽，并且发现自己过去是很愚蠢的。认清自己以后，我非常感慨，以前我一直试图改变世界甚至是每一个人，可事实上唯一需要改变的就是自己对这一切的想法。

次日清晨，我收拾好行李，踏上了回家的路。一星期后，我重新开始我的那个工作；四个月后，我娶了那个我一直害怕失去的女孩；现在我们已经有五个孩子，一家人幸福快乐地生活着。无论在物质方面还是精神方面，我都得到了上帝的照顾。过去，我只是一个小部门的晚班工头，管理着18个人而已，现在我已是一家公司的主管，管理450多个员工。生活越来越充实和忙碌，我相信自己已经领悟了生活的真谛。虽然偶尔仍会有不安的情绪，但我已学会了只要调试好心态，就能顺利渡过一切难关。

事实上我很庆幸自己经历过那次精神崩溃，因为它让我明了身心是受思想控制的。现在我已经懂得如何运用思想的力量，再也

不会受它的折磨。我也终于明白父亲是对的，因为他说过我的痛苦不是来源于现实环境，而是源于我对现实环境的看法。当我真正领悟了这一点时，我便自动痊愈了，并且永远不会再被这种疾病所困扰。

这就是那位学员的经历。

我深信心理上的愉悦，与外界环境并没有太大关联，不在于我们身在何处、拥有多少或者身为什么人，而只在于我们的心境。

以老约翰·布朗为例，他曾霸占一个美国的军工厂，并怂恿工人叛乱，为此他被判处了绞刑。他坐在自己的棺木上被送到刑场。旁边的警长非常紧张，而他自己却异常平静，看着佛吉尼亚州在车窗外匆匆闪过的风景说道："多么美妙的风景，我却从没有静下心来欣赏过。"司各特是第一个抵达南极的英国人，从南极返回时却经历了最为严酷的考验。粮食吃光了，燃料也耗尽了，他们几乎寸步难行。极地的狂风威力巨大，甚至可以切断坚硬的冰崖，这样的状况已经持续了整整11天。司各特一行人对此早有预料，也准备了鸦片来应对绝境，吞食鸦片可以让人平静地睡下，而且永远不再醒来。但他们没有这样做，而是选择了在欢唱中告别人世。八个月后，搜索队找到了他们，发现了他们留下的一封遗书，上面是这样写的："我们充满了勇气，心平气和，我们坐在自己的棺木上欣赏南极的风景，我们在饥寒交迫中笑谈人生。"

300年前，失明的尼尔顿也发现了相同的真理：“心灵，即是自我的殿堂，既可以是地狱中的天堂，也可以是天堂中的地狱。”

拿破仑与海伦·凯勒都是这句话最佳的验证者。拥有无上荣耀、权利和财富的拿破仑曾对圣海莲娜说：“我的一生，快乐的日子总共不到六天。”而集盲、聋、哑于一身的海伦·凯勒却说：“人生是如此的美妙！”

走过半个多世纪，我在人生路上领会到的最朴实的真理就是：“除了你自己，没有什么能带给你心灵上的平静。”

这里我想再次引用爱默生《论自信》中结尾的一段话：“政治上的胜利，收入的增多，病体的痊愈，久违的好友重逢，或是其他的一些事会让你兴致勃勃，欣喜地迎接好日子的到来。但这并不是事实的全部，除了你自己没有什么能带给你心灵上的平静。”

斯多葛学派的宗师伊比科·特修斯曾经告诫我们：“我们应尽力清除错误的观念，这比割掉身上的毒瘤还要重要。”

虽然伊比科·特修斯这句话出自19世纪前，但现代医学也佐证了他的观点。罗宾医生说，五个住在霍普金斯医院的病人，其中有四个是因情绪及压力的困扰而犯病，甚至包括器官功能失调之类的疾病。“归根到底就是因为在生活中遇到问题没有适时调适。”

法国哲学家蒙田的座右铭是：“伤害人的并不是事情本身，而是他对这件事的看法。”

我们对事情的看法完全取决于我们自己。

我该做些什么呢？当你被各种情绪困扰，精神紧张时，我是不是该告诉你可以凭着自己的意志改变心境呢？的确可以改变心境，我还可以告诉你方法，其实很简单，只是需要费些力气。

实用心理学大师威廉·詹姆斯有这样一个心得：“行为看似跟着感觉走，但事实上行动与感觉同时发生。如果我们能用意志力来控制行为，使其富有规律，那么我们就能间接地控制感觉。”也就是说，我们虽不能在下定决心的那一刻就改变情绪，但我们却可以改变行为，从而很自然地改变我们的情绪。

如果这是你谋生的工作，你非做不可，开不开心一天都会过去，那么为什么不选择开心地去过呢？詹姆斯阐释道：“如果你不开心，那么就开心地坐直身体，装出开心的样子，使自己看起来真的很开心。这是能让你变开心的唯一方法。”

这个方法有效吗？我们不妨试一试！

首先你应该微笑，接着放松自己，吸一大口气，再哼上一首歌。如果不会唱歌可以吹口哨，要是口哨也不会吹就哼上一段。不用太久你就能体会到威廉·詹姆斯话中的含义了。如果你在行为上是快乐轻松的，自然就能影响到内心，使自己不再充满忧虑。

这样简单的真理，看似微不足道，却能在我们的生活中创造出奇迹来。

我有一位住在加利福尼亚州的女性朋友，如果她知道这个真理，就可以在一天之内一扫心中的阴霾。她是一位年迈的寡妇，一直认为自己很凄惨，我不得不承认事实的确如此。可她并没有尝试过做出快乐的样子，更没有想过怎样让自己快乐起来呢？从来都没有。如果你向她问好，她会说：“我还好。”但她脸上的表情及说话的语气，却透出哀伤的味道，更像是在说：“上帝啊！我是多么的不幸啊！”甚至你在她面前显示出自己的快乐也会使她心怀不满。

事实上还有很多比她更凄惨的女人，和她们相比她算是幸运的，因为至少她丈夫留给她足够过完这辈子的保险金，而且她的女儿都已成家，还能够照顾她。但我却很少见她笑，她总是抱怨她的三个女婿自私吝啬，虽然她会在他们家一连住上好几个月。她埋怨三个女儿从不送她礼物，自己却把钱看得极其重要，还说这是为了养老。对于她的家庭来说，她实在让人心生不快。值得这样吗？她本可以把自己从一个苦闷、刁钻的老太太转变成家中人人敬爱的慈祥的长辈，只要她愿意那样做就能够做到。所有的改变都只需要从一个行动开始，把自己从痛苦的深渊中解救出来，付出自己的爱并高高兴兴的生活。

我认识一个印第安纳州人，名叫因格莱德，他能活到今天就是因为明白了这个真理。

十年前，因格莱德患上了猩红热，经过治愈康复后却又患上了肾炎。他寻遍名医，试遍偏方，却仍然没有什么效果。没过多久，他又患上了另一种血压上升的并发症。医生告诉他，他的血压已经到了214，情况已经到了很危险的程度，最好先安排一下后事。

他回到家，检查了一下，所有的保险金都已付过，然后就开始向上帝忏悔以前犯过的错，他越来越消沉和感到自己的人生悲凉。他把每个人都弄得不开心，全家人都愁眉不展，他自己更是越来越沮丧。度过一周怨气满腹的日子后，他对自己说："你简直就是个傻瓜！你可能还能活不少时间呢？为什么不过好眼前的日子呢？"

他昂首挺胸，面带微笑，试着让自己跟平常一样。一开始他都只是在做样子，强迫自己开心，也为了让家人不再担忧。

没过多久他发现自己好了很多，就和装出来的一样好，身体状况也越来越好。原本已经建好的墓地就这样一直荒废着，现在的他不仅开心、健康地活着，血压也恢复了正常！所以现在他坚信这一点：如果他一直都想着"我快要死了"，那么医生的说法很快就能得到证实，而要给身体一个康复的机会，除了改变心态之外干什么都是无济于事的。

如果心情愉快、积极乐观，就能挽救生命，我们何必还为了一些鸡毛蒜皮的小事而烦恼呢？如果我们可以让自己开心快乐，又何必让我们自己及身边的人一起烦恼和担忧呢？

几年前，我读过一本对我人生有着深远影响的书，名叫《思想的力量》，作者是詹姆斯·艾伦。以下是书中的一段话：

如果一个人改变了对人和事的看法，那么这些人和事对他来说就会发生改变。如果一个人的想法有极大的改变，他就会发现生活也在急速地变化。人不能吸引他想要的，却可以吸引他所有的，人的内心有一种神奇的力量，那就是自己。所有人的观念和想法都是自己思想的产物。一个人拥有进取的思想，就能有所成就。拒绝进步的人只能一事无成，深陷在悲惨的境遇中。

据说上帝赐予了人类统治大地的权利，这是一份宝贵的恩赐，可我却对这份权利毫无兴趣。我只是希望能有自己支配自己的能力：控制自己的思想，消除恐惧，控制心智和精神。我常想最理想的情况应该是，我拥有相当高的自我控制力，无论在任何时候，只要我控制自己的行为，就能掌控自己的一切。

记住威廉·詹姆斯的名言：

通常只要把一个受苦者内心的恐惧转为振奋，就能消除他心中的障碍，从而得以改变现状。

让我们为自己的快乐而奋斗吧！

让我们遵循下列富有建设性的思想，争取每天都获得最大的快乐！这个计划叫“为了今天的生活”。我认为它能极大地振奋人心，因此复印了不少赠送给别人。如果我们照此来做，就能消除很

多忧虑，让自己快乐起来。

为了今天的生活：

为了今天的生活，要很快乐。如林肯所说：“大多数的人只要下定决心就可以得到快乐。”确实如此，快乐源自我们内心，而非周围的人和环境。

为了今天的生活，要调整自己去适应一切，而不是去调整世界来适应我。要用这种态度去面对家庭、事业与机会。

为了今天的生活，要爱护自己的身体。坚持运动，关心自己，保护身体，重视健康，让身体成为成功的最大资本。

为了今天的生活，要善于用脑。要学习有用的知识，不做不动脑的人。

为了今天的生活，要塑造自己的灵魂。要默默地为某一个人做一件好事，而不让他知道；还要做两件不想做的事，就像威廉·詹姆斯说的那样，只为锻炼自己的意志。

为了今天的生活，要使自己招人喜欢。要让自己穿着得体，语调平稳，举止优雅。对事不过于挑剔，对人也不指责教训，让别人由衷地称赞自己。

为了今天的生活，要全心全意地度过。我不会妄图把整个人生的问题都想透彻。虽然我能一整天12小时做一件事，但如果总想着一辈子都这样，你可能会立刻对自己的人生感到绝望。

为了今天的生活，要制定计划，写下每个小时要做的事。即使不能完全照此执行，也需要定下这个计划，因为它至少可以让我们改掉急躁和犹豫不决的毛病。

为了今天的生活，要保留半小时安静放松的时间，用半小时祈祷，同时想想今后的生活。

为了今天的生活，要无所畏惧。我不会拒绝快乐，我要去体会美好的生活，用心去爱并不怕失去爱人，我相信我爱的人也爱我。

不要对敌人心存报复

几年前的一个晚上，我和几个游客一道游览黄石公园。在茂密的森林里，我们兴奋地等待着被称为“森林杀手”的灰熊出现。导游告诉我们，灰熊在美国西部丛林是霸主，几乎没有别的动物能共与之匹敌。

那天晚上我看到一只小动物，一直跟着灰熊，而且还从灰熊嘴边分走了一些食物。那是一只小小的臭鼬。灰熊当然知道自己只需一掌扑过去，就能除掉臭鼬，可它却并没有这样做，这是为什么呢？因为经验告诉它这样做会沾染到臭鼬喷射出的恶臭液体，而只要沾上自己的心情就会很坏，因为自己一天都要闻那种气味。

我也懂得这个道理。小时候我生活在密苏里州的农场里，曾在篱笆旁逮到一只臭鼬。后来逐渐成年，我到了纽约，也碰到几个臭鼬般的人。在和这些人接触的痛苦经历中我有了这样的教训：无论哪种臭鼬，都不值得我们去碰。

我们对敌人怨恨不已，就等于在削弱自己而壮大敌人，这也许让你难以置信，但请你相信非正面的情绪真的会影响你的睡眠、胃口、血压，并带来诸多健康问题。如果我们的敌人得知他居然能给我们造成严重困扰，他一定极为兴奋。怨恨不能伤及对方分毫，却把自己置于不利的境地中。

纽约警察局的布告栏写过这样的忠告：“永远不要对敌人心存报复，这样的心态伤害自己重于伤害敌人。”除了试图以劝勉的方式来消除更多的血腥和争斗外，我想这句话更是重在强调像报复心之类的不良情绪首先会伤及自身。

《生活》杂志指出：“高血压患者常见的心理特征就是存在愤懑的情绪，持续的愤愤不平最终造成慢性高血压、心脏病等心脑血管疾病。”耶稣叮嘱我们说，“爱敌如自己的亲友”、“常怀一颗宽容谅解的心”。华盛顿一位餐厅老板就因与厨师的一次争执而大为恼火，最后引发心衰而倒地身亡。当耶稣说“爱敌如自己的亲友”时，他更是在传授健康和生存之道。

许多女人因为怨恨而脸生皱纹、表情僵硬而容颜变老，再怎么美容也不如心怀宽容、温柔和爱所能达到的养颜效果。

即使我们不能像圣人般爱敌如亲，至少也要珍爱自己、善待自己，绝不做令亲者痛仇者快的事。莎士比亚说：“不值得为敌人怒火中烧，那样纯属引火烧身。”当耶稣要求我们原谅敌人“七十个七次”时，他是在教我们如何避免心脏病、高血压、胃溃疡等诸多疾病，也是在教我们如何做生意。

瑞典的乔治·罗纳先生写信告诉我他的故事。

前些年他一直在维也纳当律师，第二次世界大战期间逃回了瑞典。那时他一贫如洗，急需一份工作来维持生计。好在他精通好几种语言，因此他希望能够在进出口公司找到一份秘书之类的工作。大多数公司都以战争中不需要这类人才为由，回信拒绝了他。其中有一家公司回信说：“你对我公司的业务理解是完全错误的，所以你实在是太愚蠢了，我根本用不着起草书信的秘书，即便真的需要也绝不会聘用你，你的瑞典文狗屁不通。”

罗纳读完信之后，气得怒火中烧，居然有人敢嘲笑自己写不好瑞典文。这封回信才是狗屁不通。于是乔治立刻提笔，写信嘲笑对方的无知。但随后他冷静下来，他问自己：“也许他只是说实话呢？我的确学习过瑞典文，但这并非我的第一语言，或许我犯了错误，自己却不清楚。如果真是这样，我想我要努力学习语言才能获得工作。这个人的提醒可能帮了我大忙，虽然言辞有些过激，让人十分难堪，但我还是应该写信感谢他。”

于是，罗纳撕毁了刚刚写的信，重新写了一封感谢的信：“您在不需要聘请秘书的情况下，还能找出时间回信告诉我真相，实在是对我的一份恩情。对于我对贵公司的错误判断，我非常抱歉。我之所以写信求职，是因为知道您是这个行业的领军人物，我并不知道自己的信存在许多语法错误，对此我很惭愧。我打算努力学习瑞典文以减少错误，感谢您的指点让我更加清晰地认识了自己的文字功底。”

几天后，罗纳收到了那个人的来信，邀请他去公司谈谈。那次会面后，罗纳得到了一份很理想的工作。

罗纳从中学到了——用温和的方式化解愤怒。即使我们不能像圣人般爱敌如友，可是为自己的健康和快乐，至少要原谅他们，这样才是我们应该做的。艾森豪威尔也是如此。我问艾森豪威尔的儿子约翰，他父亲会不会一直恨某个人。约翰回答道：“我父亲绝不会在他不喜欢的人身上浪费时间。”

有句老话说得好：不会生气的人是傻瓜，但不去生气的人却是智者。

我曾向担任过美国六任总统顾问的伯纳·莫鲁克请教：“你在遭受政敌攻击时会不会深感困扰？”

他肯定地回答我：“没有人能侮辱和干扰我，不管别人怎么做，都达不到这个效果。”是的，没有人能侮辱和干扰我们，除非我们自己允许他们这样做。或许棍子能敲断你的肋骨，石头能打破你的头，但语言休想伤害你的心灵。

要真正宽恕我们的敌人，最有效的方法就是尽力去完成一些超

出我们能力范围而且是对我们有意义的事情。当我们在这方面花费精力的时候，我们遭遇到的非议和责难也就显得无足轻重了。

1918年，密西西比州的黑人教师兼传教士劳伦斯·琼斯被“判处死刑”。几年前，我曾去访问过他亲手创办的学校，还为学生们做了一次演讲。现在我要讲的这个故事发生在第一次世界大战期间，那时的人们情绪容易激动。密西西比州中部出现了一个流言，说德军准备策动黑人叛变。劳伦斯就是黑人，而且他被怀疑是这次叛乱的策划者。因为一些白人听到劳伦斯向听众演说的时候说过这样的话：“生命就是一场战斗，每个黑人都应该拿起武器，为争取生存和发展的权利而战斗！”

“武器！战斗！”这样的词激怒了那些白人青年，他们纠集了大量暴徒冲进教堂，捆起了劳伦斯，并将他扔在了一堆干柴上，准备点火烧死他。

这时，有人叫道：“在我们处决他之前，让这个多嘴的家伙说话！他不是很能说吗？让他再说一次！”

劳伦斯·琼斯就这样站在柴堆上，为他的人生理想发表最后的演说。

他是一个个性淳朴、知识广博且极具音乐才华的青年，大学毕业后他拒绝了待遇优厚的工作，也放弃了免费攻读音乐学院的机会，决心投身教育事业，为众多因贫困而没有学习机会的同族兄弟送去知识。之所以这样做，是因为他阅读了布克尔·华盛顿的传记之后，就在心中树立了自己的崇高理想——为教育事业而奋斗。于是他来到了美国南方最贫穷的地区，典当了自己的手表，用换来的1.65美元在野外创办了最简易的露天学校。

面对这些想要处死他的人，劳伦斯平静地讲述着自己的奋斗经历。他说了如何教育这些失学儿童，让他们成为对社会有用的人。他还说，在办学过程中接受过不少白人的资助，这些钱和物资帮助他将学校一直坚持了下去。

劳伦斯从容而诚恳地阐述着自己的人生和理想，丝毫没有祈求人们怜悯。

愤怒的白人开始冷静了下来，人群中一个参加过南北战争的老兵为他求情："我相信这个孩子说的都是真的，我认识他提到过的白人。他真是在做好事，我们也许错了。我们应该帮助他，而不是处死他。"老兵摘下帽子走向人群，为劳伦斯募集了55.4美元的教育经费。

后来有人问劳伦斯，有没有憎恨那些准备烧死他的人？他回答说，当时他正忙着为教育事业而奋斗，没有时间去憎恨别人。他全身心投入超越他能力范围内的伟大事业，没有闲心去辩驳、咒骂和憎恨。

19世纪前的艾比克特修斯曾说："我们收获的就是我们所栽种

的。命运丝毫不是偏颇，长远来看我们总要为自己的过错付出一定的代价。能将此记在心的人，就能避免争吵、谩骂、责难、攻击或怨恨别人。”

在美国历史上，林肯曾经饱受责难、怨恨和陷害，但他却从不以自己的好恶来评判别人。如果以前曾经羞辱、责难他的人，恰恰是某个职位的最佳人选，林肯会毫不犹豫的予以提拔。很多林肯时代身居高位的人，都曾是他的“敌人”——像麦克里兰、爱德华·史丹顿和蔡斯等。但林肯始终相信“人一时的所作所为并不能充分证明他就是一个好人或坏人”，因为环境、教育、生活习惯和遗传等因素，时刻影响着人的行为。比如一个人因为偶尔的偏激而做错了事，这并不意味着他就是坏人或者会一直偏激下去；宽容或者欣赏他，给对方一次机会，说不定他能够完美的做好工作。

林肯的做法是对的。如果你在敌人那里承袭了相同的心理和情绪特质，那么面对同样的事情我们可能会采取与他们完全相同的行为，那么我们的生活也将发生改变。

培养快乐心境的第二条原则是：永远不要对敌人心存报复，这样的心态伤害自己重于伤害敌人。

相互容忍谦让

要时刻记得艾森豪威尔将军的话：“从不浪费一分一秒去想我们不喜欢的人和事。”

巨人海格力斯走在路上，有一个像刺猬一样的小东西躺在路边。海格力斯用脚后跟踩它，想把它踩碎，可是它突然胀大起来，足足大了一倍。海格力斯大为恼火，拿起一根结实的棍子，不停地击打那奇怪的东西。但是，那东西不管怎么打，都无法让使它消失和变小，反而越来越大了。没过多久，它竟然变成了庞然大物，几乎挡住了太阳所有的光线，而且堵住了唯一的道路。巨人海格力斯不免有些惊慌起来，他把棍子扔在地上，怔怔地看着这个怪物，不知如何是好。

这时智慧女神雅典娜出现了。她微笑着说：“把这没有希望的事丢开吧，你无法制服这个可恶的东西，它的名字叫做仇恨袋，里面装满了仇恨。你不理它，它也许不会长大，如果你非要把它打个

粉碎，那就正中其下怀。你愈打它就愈膨胀得可怕，甚至能把天遮住。仇恨之所以可怕，原因就在这里。”

心理学中有一条规律：我们对别人所表现出来的态度和行为，往往会做出同样方式的反应和回答。

在与人打交道时我们发现自己的待人态度会在别人对我们的态度中反射回来。如同你站在一面镜子前，你笑，镜子里的你也笑；你皱眉头，镜子里的你也皱眉头；你大笑，镜子里的你也大笑。几乎很少有人认识到这条心理学规律是有多么的重要。

一个小男孩受到母亲的责备，出于一时的气愤就跑出房屋，来到山边，对着大山喊道：“我恨你，我恨你，我恨你！”接着从山谷传来回音：“我恨你，我恨你，我恨你！”这个小孩子大为吃惊，不明所以。

过了一会儿，他的气消了，想起母亲对自己的照顾和关心，心里开始后悔。于是他又对着大山喊道：“我爱你，我爱你，我爱你！”这次他却发现有一个友好的声音在山谷里回响：“我爱你，我爱你，我爱你！”

生命就像一种回声，你播种什么就收获什么，你送出什么就回应什么，你给予什么就得到什么。

你想要别人是你的朋友，你必须是别人的朋友，心要靠心来交换，只有付出感情才能收获真情。

一位从年轻时就帮人按摩的盲眼老太太，一直住在小镇的郊外。一天，她带着自己积攒的一些钱到镇上找水电行的老板。她问道：“老板，能在我家门前的路上装几盏路灯吗？”

水电行老板非常惊讶地问道：“老人家，您的眼睛看不见，装路灯干什么呢？”

老太太回答道：“以前，常有一些人戏弄我，他们把我领到布满大小石块的路上，以专门让我摔跟头。我很伤心，但我并不怪他们。我家门外的路很不平整，坑坑洼洼的，为了让那些捣蛋鬼走路方便，所有才请帮忙装几盏灯！”

老板听后大为感动，只收了工本费就为老太太装上了路灯。

盲眼老太太装路灯的消息第二天就传遍了全镇。所有戏弄过老太太的人都被老太太的容忍所感动。装路灯的时候，主动来参加装灯行动，大家纷纷捐钱，老太太家门前很是热闹。因为每个人都在想：“一个盲人能容忍谦让，何况我们这些眼睛好的人！”

盲眼老太太门外的路灯不但装了起来，路也修平整了。老太太再也不会摔跟头了，因为每当她走到石头跟前时总有人主动为她引路。

只是因为老太太的容忍谦让，唤起了很多人对她的容忍与尊敬，她的行为像路灯一样照亮了自己，也照亮了别人。

只要我们互相容忍谦让，人生道路就会变得更加明亮。

1754年，身为上校的华盛顿率领部下驻防亚历山大市。当时正值弗吉尼亚州议会选举议员，威廉·佩恩反对华盛顿所支持的候选人。

在小酒店里，华盛顿与佩恩就选举问题进行了激烈的争论，华盛顿说了一些冒犯佩恩的话。佩恩顿时火冒三丈，一拳将华盛顿打倒在地。当华盛顿的部下跑过来要教训佩恩时，华盛顿立刻阻止了他们，并劝说他们返回营地。

第二天一早，华盛顿托人给佩恩一张便条，约他到一家酒馆会面。佩恩料想华盛顿应该是找自已决斗的，所以做好了相应的准备。他赶到酒馆，立刻有些惊讶了。

华盛顿站起身来，伸手迎接他。华盛顿说："佩恩先生，我为昨天说的话向你道歉，我说的不对。不过，你已经采取行动，挽回了面子。如果你认为这件事可以到此为止的话，就让我们交个朋友吧。"

那之后佩恩成为华盛顿的狂热崇拜者。

华盛顿完全可以采用另一种方式来对付他的"敌人"，可是还有哪种方法比化敌为友更为高明呢？《圣经》里说："要爱你的敌人。"如果心存爱心，一切事物都是美好的。邪恶的内心将破坏你想追求的幸福，当你认为可以不择手段地去争取成功时，到手的成功往往也是失败的开始。

要培养内心的快乐和宁静，就要学会化敌为友，学会相互容忍和谦让。

报复者的悲哀

永远不要对敌人心存报复，那样对自己的伤害将大于对别人的伤害。

一位画家在集市卖画，不远处前呼后拥地走来一位大臣的儿子。大臣在年轻时曾经欺诈过画家的父亲。画家的父亲因此气愤而死。

大臣的儿子在画家的作品前流连忘返，并且选中了一幅，画家却匆匆地用一块布把它遮住，并声称这幅画不卖。

因为太喜欢这幅画，所以这孩子像得了相思病一样，变得日益憔悴。最后，他父亲出面了，表示愿意出高价购买画家的那幅画。可画家宁愿把这幅画挂在墙上，也不愿意出售。他阴沉着脸坐在画前，自言自语地说：“还记得我父亲吗？”

每天早晨画家都要画一幅他信奉的神像，这是他表示信仰的唯一方式，可是现在他觉得这些神像与他以前的神像差别越来越大。

这使他很苦恼，却找不到出现这种情况的原因。一天，他惊恐地丢下手中的画，他发现刚刚画好的神像，其眼睛竟然是那大臣的眼睛，而嘴唇也和大臣的很像。

报复是人性中一处扭曲的心理死结，对别人的伤害总会受到报复，尤其是自己内心的谴责；它如同对你肉体上的伤害一般，会让你身心很长时间得不到平复。

大名鼎鼎的侦探小说家柯南·道尔在他过世的50余年之后，被指控为科学史上空前绝后的智能犯罪案件——伪造辟尔唐猿人案的罪犯。这一事件大大地损害了柯南·道尔的名声，使得他成了一个背叛科学和愚弄人们的罪犯。

柯南·道尔伪造猿人头骨的动机并不是纯属侦探小说家的恶作剧，而是因为他要报复，是为了报复主张进化论者的科学家凯斯特。

凯斯特是个唯物主义者，一直从事进化论研究，负责大英博物馆自然史方面的工作，一直大力支持对辟尔唐街的发掘。他曾经通过实验揭露了一个美国招魂师的骗人把戏，这招致了唯灵论者柯南·道尔的嫉恨。

柯南·道尔早在不满30岁时就信奉唯灵论。1887年，柯南·道尔与他的朋友波尔设立了招魂会，并和一个名叫霍尔斯泰德的人一起进行了六次招魂活动。1901年，他召集了几个手掌降神会。从

1917年开始，一直到死，他都坚持进行有关灵魂的演说。他捐献了25万英镑现金，用来促进唯灵论的事业，并创办了专卖唯灵论书籍的书店等工作。

柯南·道尔是唯灵论的狂热鼓吹者。出于对唯灵论的褊狭信仰，柯南·道尔对进化论的支持者凯斯特十分愤恨。为此他采取了非常卑鄙的报复行为——伪造猿人头骨化石，以此愚弄考古人员和相关科学家。

真相大白，柯南·道尔竟然是一个心胸狭窄、挟私报复的人！问题的根源原来是出于私人的仇恨。柯南·道尔最终也给自己留下了一个极为不好的名声。

伪造猿人头骨化石以愚弄科学家、报复唯物主义之事确实是其一生中最不光彩的事情。其狭隘的唯灵论信仰，使他对反对唯灵论的凯斯特进行报复，更反映了其个人品质的低下。

愚弄科学的骗局终究被揭穿了，欺骗永远是欺骗。就像柯南·道尔在小说中设计的许多迷案，都被福尔摩斯揭穿一样。柯南·道尔在现实中制造的迷案，也很快就被人揭穿了。他的这一手并未起到吸引读者的效果，反而玷污了自己的名声。

要培养内心的平和与快乐，那就要记得：永远不要对敌人心存报复，报复别人，首先受伤害的就是自己。

盘算你所得到的恩惠

人生有两项主要目标：第一，实现理想；第二，享受实现理想给自己带来的快乐人生。第二点很少有人能做到，想想自己拥有的恩惠你就不会再有忧虑了。

在电影《角色》中，一位在单亲家庭中成长的男孩叙述了自己的奋斗之路。

他的母亲是女仆，靠一台缝纫机养活他。他则靠着前一位房客所留下来的百科全书度过自己的童年时光，这套只到T的百科全书是他百看不厌的伙伴。这位小男孩后来成为律师，他的一生有多人帮助了他，都是他的贵人。每一个人都在逼迫他走上成功之路。他有一位看似冷酷沉默的母亲；有一位为了不耽误他发展事业而奉献自己的爱人；有一位在人前贬抑他，人后却称赞他的恩师；有一个一生都像是在迫害自己的、早早死去的父亲。没有退路的他只能成功。

“恩情”不一定会用世俗恩情的样貌呈现在你我面前，它有时会变换不同的样子来帮助你。不要用决绝的方式对待所有的关系，因为有时是你误解了。不要让遗憾发生，用感恩的心感觉这个世界，想想你已经得到的恩惠。

感恩节那天报纸的社论版上，有一则故事。

一位教师要求一班小学生画下最让他们感激的东西。她心想能使这些穷人家的小孩心生感激的事物一定不多，所以她猜孩子们多半是画桌上的烤火鸡和一些食物。

杜格拉斯画好了。

当她看到他的画时，她感到十分惊讶，因为那是以童稚的笔法画成的一只手。谁的手？整个班的孩子都被吸引住了。

“我猜这是上帝赐给我们食物的手。”一个孩子说。

“一个农夫的手。”另一个孩子说。

一时间议论纷纷。过了一会儿，全班才安静下来。

老师问杜格拉斯，那是谁的手。

“老师，那是你的手。”孩子低声说。

她记得自己经常在休息的时候牵着孤寂无伴的杜格拉斯散步，也经常如此对待其他的孩子，但对杜格拉斯来说却有特别的意义。或许这正是每个人应当感恩的事，不是为了物质方面的获取，而是为了有机会给予别人一些东西，无论这东西是怎样的微不足道。

一位刚毕业的大学生，进入某机关工作，他出众的专业知识让众人艳羡不已，于是他开始锋芒毕露，不可一世了。

但是，他的上司心理开始不平衡了，对他从器重到猜忌，再到冷眼相待。大学生于是被“雪藏”了，许多施展才华的机会都轮不到他。他很是恼火，几经忍耐之后，终于和上司大闹了一番。回家后，他向父亲说了这一切，然后告诉父亲，自己主意已定，打算辞去这个工作。父亲听后不置可否，只是这样向儿子建议：“你应该像对待我一样去对待你的上司，像感激我的养育之恩一样去真诚地感激他的每次赏识和赞美，并且因这份感恩之心去谅解他的冷遇和责难，其实这些对你来说早晚都是考验。”

儿子很不理解，但是却接受了父亲的建议。

他这样做了一个星期，上司与他的关系明显改善了；一个月之后，他们见面开始微笑着打招呼了；一年之后，上司毫不犹豫地把升迁机会给了这位曾被自己视为“眼中钉”的大学生。

几年后，早已成家立业的大学生放弃了春风得意的仕途，打算下海。他办起了自己的公司，一时间忙得不可开交。就在事业蒸蒸日上的时候，有一天他从谈判桌上满面憔悴地撤回到家中，向温柔的妻子诉苦，说那些吹毛求疵的客户一点儿都不讲人情，应付起来太麻烦了。妻子静静地听他说完，微笑着说：“亲爱的，像对待我一样去对待你的每一位客户，像珍惜我们的爱情一样。去小心地珍

惜和对方的每次合作，并且耐心解答他们的每个疑问，其实这是经商之路必须学会的。”

他愣住了，这似曾相识的话语，竟然和数年之前父亲的建议那么的相似，他情不自禁地笑了。原来用美好的情感去滋润生活，经艰难而处变不惊的方法和能力是一刻都不能够忘怀的。

无论何时何地，每个人都应该拥有一颗感恩之心，一念珍惜之情。

不要希望别人感恩

有人对我说，有一个容易发怒的人只要遇到一个可以倾述的对象，必定会在15分钟内开始诉说那令自己恼火的事。那件已经过去了11个月的事至今令他怒气难消，他似乎也找不到其他可谈论的话题。在圣诞节，他发了1万美元的节日奖金给34个员工，人均奖金300美元，结果没得到任何一个人的感谢。他埋怨道：“我真后悔，居然给他们发奖金。”

有句话是这样说的：“一个人愤怒的时候，全身都是有毒的。”我深切地同情这位全身是毒的人。他已经60岁了，根据人寿保险公司统计的数据来看，目前人们的平均寿命在74岁上下。如果他足够幸运的话，那么还有十几年的光景，但他却因为已过去的事而浪费生命中近一年的时间去愤恨，实在让人感到可笑和悲哀。

愤恨与自怜之余，他应该认真地自我反省，为什么员工拿了钱后不感激？是否因为工资过低、工作时间过长，或是员工们认为圣

诞节奖金本来就是应该得到的福利。也许他自身就是一个苛刻而不会感恩的人，所以员工们都不愿去感谢他。又或许他们认为大部分利润都是需要缴税的，还不如当做奖金发给大家。也可能这些员工真是自私、狭隘而不懂礼节，但无论真正的原因是什么，都可以借用英国约翰逊博士的那句名言：“感恩是富有教养的产物，你不可能指望从每个人身上轻易得到。”

因此我要强调的是指望别人感恩本身就是一个常识性的错误，这证明你还并不了解人性。如果你救了一个人，也许你会期望他感恩，可是著名的刑事律师波维茨在他出任法官期间先后拯救过78个罪犯，使他们免于死刑，最后却没有一个人登门道谢，甚至哪怕寄来一张圣诞卡。

耶稣曾经用了一下午的时间来帮助十个瘫痪的病人，使他们能够正常行走，但只有一人对耶稣表示感谢。耶稣问他的门徒：“其余九人呢？”

“他们全跑掉了，一句感谢的话都没说，就消失得没影了。”

耶稣尚且如此，更何况我们这样的凡夫俗子。假若我们给了别人一点儿恩惠，又怎能奢望得到比耶稣还多的恩惠呢？

如果涉及到钱，那就更不要奢望了！查尔斯·史瓦特讲述了这样一件事，他曾帮助过一位挪用公款炒股的银行出纳员填补了亏空，让他躲过了牢狱之灾。这个银行出纳员并没有感谢他，当然

“谢谢”是说过的，但这种感恩的“谢意”并没有持续多久，他就开始跟史瓦特对着干，完全不顾念这位曾经救过自己的人。

如果你给了亲戚100万美元，他应该会感谢你，是吗？安德鲁·卡内基曾这样资助过他的亲戚，然而在他死后，这位受赠的亲戚持续不断地用恶毒的语言诅咒他！为什么会这样呢？因为卡耐基把三亿多美元捐给了慈善基金会，而只给了他的亲戚100万美元。如果卡内基能够复活的话，一定会感到震惊。

世事与人情皆是如此，不要指望会有任何改变。既然如此，那么何不坦然接受呢？我们应该像极具智慧的罗马皇帝马可·奥勒留那样去看待世事，他在日记中写道：“我碰到背后说我坏话的人、自私自利的人、忘恩负义的人，我都不会惊讶或忧虑，因为我实在想象不出一个没有这些人存在的世界。”马可·奥勒留的话是很有道理的吗？我们每天都在抱怨别人不知道知恩图报，究竟是谁的过错呢？这是人性，是我们忽略了人性。不要指望别人感恩，如果我们偶然得到别人的感恩，那就当做是生活中的意外之喜吧！如果没有也大可不必难过。

我想在这里指出的是，忘记恩惠是人的天性，如果我们期待着别人感恩，那么你将是自寻烦恼。

一位纽约的老太太，他整日抱怨自己很孤单，没有亲戚去看望她。若有人前去看望她，她总会不停地说上几个小时，说起她侄儿

小的时候她是如何辛苦地照顾他们，说他们患麻疹、腮腺炎、伤风咳嗽时，都是在自己的精心护理下才恢复健康的。孩子们跟她一起生活了很多年，她还资助一个侄儿读完商学院的课程。

后来这些侄儿们没人回来看望过她，只是出于义务偶尔回来。他们都害怕回去见她，因为他们都知道一去便要坐上几个小时听她讲过去的事情，听那些老调重弹和无休止的埋怨。在威逼利诱后，侄儿们仍不愿回去看望她时，老太太就使出了杀手锏：假装心脏病发作。医生在给她检查的时候发现她的心脏病并不是装出来的，而是真的得了心脏病。医生说她因为过于情绪化而引起心悸，这样的情绪性病症，依靠医学手段是无法治疗的。

这位老太太需要的是关怀和关注，但她误认为需要的是“感恩”，大概她永远也无法得到侄儿们的感恩了，因为她直接向他们索取自己认为理所应得的回报，却恰恰导致了相反的结果。

生活中有太多和她一样的人，因为别人不懂感恩而感到孤独，甚至觉得被人疏忽而生病。他们渴望被关心，但却并不知道这个世界唯一能得到爱的方式是付出而不求回报。听起来这句话似乎不切实际，但其实这恰恰是追求幸福最好的方法。我明白这一点是因为我亲眼见证了家中发生的事。我家那时候非常贫困，常为欠的债还不上而发愁，但父母在这种情况下仍然愿意救助他人，他们每年都会尽力省出一点钱寄给孤儿院。他们从未去拜访过那家孤儿院，除

了收到感谢的回信，未曾有人前来专门感谢过他们。不过他们已得到回报，因为他们在帮助那些可怜的孩子的过程中，并没有期待得到任何的感激和回报，而是在这个过程中体会到了快乐。

我到外地工作以后，每逢圣诞节都会寄钱给父母，让他们买些各自喜欢的东西，可他们总是舍不得花钱。当我回家过圣诞节的时候，父亲才告诉我他们用那些钱买了煤和日用品，送给了城里一位独自抚养了很多孩子的贫寒母亲。付出而不求回报，是他们生活中所能得到的最大快乐。

我相信父亲已达到亚里士多德所说的分享快乐的理想境界，亚里士多德说：“懂得生活的人，内心的理想境界便是享受助人带来的快乐。”

我还要强调一点：要寻求真正的快乐，必须首先抛弃别人会不会感恩于你的念头，获得这种快乐只能是享受付出时的愉悦。为人父母者常会埋怨子女不知感恩，正如莎士比亚塑造的人物李尔王所说：“不懂感恩的子女比毒蛇的利齿更加痛噬人心。”

但是如果我们不去教导这些孩子，他们又怎么知道要去感恩呢？忘恩本来就是人的天性，如同杂草一样随时会生长；感恩则像玫瑰，需要细心地培育以及用爱去滋养。如果子女不知感恩，责任也许正在于父母。如果我们从不引导他们去感谢别人，又怎么指望他们来感激我们呢？

我认识一位在木箱制造厂工作的芝加哥朋友，他工作非常辛苦，可周薪却只有40美元。他娶了一位寡妇，妻子说服他借钱供养她和前夫的两个儿子上大学，他仅有的40美元周薪用来买食物、燃料、衣服、交房租和还欠款之后，已经所剩无几了。但他还是艰难地坚持了四年，却从来没有为此抱怨过。

后来这两个孩子感激过他吗？没有。那两个孩子认为这是作为继父的责任。他们不曾觉得对这位含辛茹苦供他们读书的继父有所亏欠，哪怕说一声谢谢都没有必要。责任在两个孩子身上吗？也许如此。但这位母亲责任是不是更大呢？她认为她的两个儿子不该有这种感恩的义务，不想让她的儿子活在感恩的“心理负担”中。于是她从未对孩子们说：“你们的继父负债供你们读大学，是个多好的人啊！”相反她的态度却是，“那是他作为继父分内的事，你们只管放心使用就行了。”

她自认为那是在为孩子们着想，没有给他们增加思想负担，而事实上她给了孩子们一种危险的暗示，让他们错误地认为这个世界有义务来帮助他们。果然，后来她的一个儿子因向老板“借”了一些钱而深陷牢狱。

我们一定要记住，应该教育孩子学会感恩，这对孩子的成长尤其重要。

我姨妈便从未抱怨过子女不知感恩。小的时候，姨妈把母亲接

到自己家中，同时照料她的婆婆和母亲，两位老人围坐火炉前的情景至今都让我记忆犹新。难道姨妈照顾两位老人不知道辛苦吗？我想她肯定是很辛苦的。但从她的神情上，根本就觉察不出丝毫的不快和不耐烦。她由衷地爱着她们，无微不至地照顾，让她们感觉到了家的温馨。而姨妈还有六个子女需要抚养，她却从不认为这是多么伟大的一件事。对她而言一切都是分内的事，也是她心甘情愿去做的。

姨妈如今已守寡二十多年，她的五个已成年的子女都非常爱她，都想接她到自己家住。孩子们同她感情很深，从来不会觉得烦，这是出于“感恩”吗？当然不是。这是源于真正的爱！从孩子的时候起，他们就生活在温馨祥和的家庭氛围中，而今他们的母亲需要照顾，他们向这位不求回报的母亲报以同样的爱，这是顺理成章的。

我们应谨记，如果想有感恩的子女，那么自己必须先成为懂得感恩的人。我们的一言一行对孩子的成长都影响很大，不要在孩子面前诋毁别人的好意，也不要说：“瞧，表妹送我的圣诞礼物竟然是手工的，她竟舍不得花一分钱。”像这样看似极小的言行却可能对孩子的成长产生极大地负面影响。应该这样说：“表妹送来的这份圣诞礼物一定是花了不少心思和时间！她真用心！我们见了面要感谢她！”这样我们的子女就可能在潜移默化中培养出乐于称赞和

感恩的性格。

培养快乐心境的第三条原则：

与其担心别人不知感恩，不如不要有所期盼。还记得吗？耶稣在一天内救治的十个瘫痪病人中只有一个向他表达了感谢，你难道认为自己应该比耶稣得到的更多吗？

获得快乐的唯一途径：不要预先期待别人的感恩，不求回报的助人就是在享受施与的快乐。

感恩是一种需要培养的品德，希望自己的子女知道感恩，就必须循循善诱地引导他们成为心怀感恩的人。

第六章

使自己精力充沛

学会休息

休息不但不是浪费生命，反而更能让你增加清醒的时间和提高效率。

任何一位在校医科生都会告诉你疲劳会降低身体的抵抗力，而任何一位心理医生也会告诉你疲劳同样会降低你抵御忧虑和恐惧的能力，因此预防疲劳就可以在一定程度上抵御忧虑的侵袭。

芝加哥大学实验心理学实验室主任雅克布森博士，曾经写过两本关于如何缓解紧张情绪的书——《消除紧张》和《你必须放松紧张情绪》，还曾主持研究过放松情绪在医学上的意义。他认为在身体完全放松之后紧张状态就会消失，只要能放松情绪就能基本消除忧虑。

预防疲劳和忧虑的首要法则就是：经常休息，最好是在你感到困倦之前休息。

美国陆军针对经过军训而且强壮干练的年轻人做过多次测验，

证明在无负重情况下如果每小时休息十分钟，那么测试者行军速度就有明显提高，同时行军的总体效率也会增强。人每天从心脏出发流经全身的血液可以装满一节油罐车车厢，每天机体产生的能量足以将20吨煤用铲子垒成三英尺高的平台。你的心脏能够高负荷地运转，并且持续数十年之久，心脏的神奇和不可思议是怎么样实现的呢？

哈佛医院的沃尔特·加农博士说：“很多人认为人的心脏一刻不停地在工作，心脏一停就意味着人的死亡，可是事实却并非如此。正常情况下心脏每跳动一次，就会静止片刻，每天的工作时间总共9小时左右，其余15小时则是用来休息的。”

在二战期间，英国首相丘吉尔每天工作16小时，那时他已经快70岁了。他是如何做到的呢？不管是看报告还是打电话，又或是举行会议，他都选择在床上进行，之后他就能精神饱满地工作到深夜。经常休息就是丘吉尔精力充沛的原因。

约翰·洛克菲勒创造了两项惊人的记录：第一，他是当时的世界首富；第二，他享年98岁。他长寿的第一个原因是遗传因素，第二个原因就是他每天都在办公室睡半个小时的午觉，即使是美国总统打电话来他也不会在午睡时间里去接听。

丹尼尔·乔西林在《为什么要疲倦》里说：“休息是在恢复体力，并非什么都不做。”即使只睡上五分钟，也能起到消除疲劳的

作用。棒球名将康尼·麦克说，如果在比赛前能睡上一会儿，就能打完全场；但如果没有午睡，可能坚持到第五局就无法继续了。

我曾问过埃莉诺·罗斯福夫人，作为第一夫人如何面对紧凑的日程安排。她说在接近别人或者发表演说之前，她都会事先闭目养神休息20分钟左右。

吉恩·奥特里是世界知名的骑术表演者，我去拜访他时看见他的休息室里摆着一张行军床。他告诉我说每天下午都要在床上休息。在好莱坞拍电影时他会在一张宽大的椅子里午睡，如果有两场表演，他会在中间睡上一小时，这样使他一直保持着充沛的精力。

爱迪生的精力旺盛是因为他经常睡觉。

亨利·福特在80岁的时候还精神饱满，我问他有什么秘诀，他告诉我："能坐就不站，能躺就不坐。"

我把这个方法告诉好莱坞的一位电影导演，他尝试一段时间后告诉我，这个方法有神奇的效果。这位导演就是杰克·切尔托克，几年前他深感心力交瘁，尝试过很多办法都没有好转。当时我建议他每天"忙里偷闲"一下，就是在办公室里和编剧们开会时躺在长椅上尽量放松自己。

两年之后，我们再次碰面，他告诉我："医生都说这简直是奇迹，以前我坐着和下属开会，总觉得情绪紧张，现在我就躺在沙发上和下属开会，状态比任何时候都好，不但消除了紧张情绪，而且还能持续工作更长的时间。”

当然并不是每个人都适用以上方法，如果你工作时只能坐着，或者你没有独立的办公室供你休息，你可以利用中午回家睡上10分钟。这是马歇尔将军恢复体力的秘诀。他在二战中工作非常忙碌，但是他总会在中午抽空休息一下，如果你年过五旬还在拼命忙碌，那就赶快替自己买份人寿保险，以免支付不起丧葬费，而你的妻子可能会拿着你的保险金去找更年轻的男人。

如果没有条件睡午觉，那么就争取在晚饭前睡上一小时，这要比饭前喝杯酒成本低多了，作用却是喝酒比不了的。只要能在下午五点到七点之间睡上一小时，那么你会多一小时清醒时间，这样比连续睡觉的效果更好。

休息时间充足，能提高工作效率，尤其是从事体力劳动的人。弗雷德里克·泰勒曾担任过贝德汉钢铁公司的科学管理工程师，他发现每个工人一天下来可以装大约12.5吨的生铁，但是一般到中午他们就已经疲惫不堪了。他根据科学统计得出的答案是，这些工人每天能够搬运47吨而丝毫不会产生疲劳感。

为了证明这个结论，他选了一位名叫施密特的工人，让他严格按照时间表的安排工作，下班的时候施密特居然真的能搬47吨生铁，而且长期坚持了下来，效率也没有降低。为什么他能够做到呢？因为他保证了充足的休息。一天下来他休息的时间比工作时间

多，可是工作成绩确是别人的四倍，因为他在疲劳来临之前就先得到了休息。

所以我们应该学习这种方式：不要等到筋疲力尽的时候才被迫休息，而应在疲劳来临前就先行休息。“磨刀不误砍柴工”这句话说的就是这个意思。

学会放松自己

如果单纯进行脑力劳动，人不会感觉疲劳，这听起来有些不可思议，然而这却是事实。

科学家在几年前试图了解大脑能够连续持续工作多长时间，结果却吃惊地发现单纯进行脑力劳动的人流经其脑细胞的血液丝毫没有疲劳的迹象，而在一直进行体力劳动的人体内抽出的血液却充满了各种杂质和毒素。

人如果单纯用脑，工作8小时甚至12小时后，状态还能和开始时一样，所以大脑是不会疲倦的，那为什么有那么多人感到疲倦呢？

心理学家普遍认为情绪和精神因素才是引起疲劳的主要原因。

英国著名心理分析家哈德菲尔德在《权利心理学》里谈到：“生理原因很少会引起疲劳，我们感受到的疲劳是情绪波动产生的。”

美国心理学家布列尔博士阐述得更为具体，他说：“一个健康的人坐着工作，如果感到疲劳，那么一定是因为受到了情绪的影响。”

究竟是怎样的心理因素使坐着工作的人感受到疲劳呢？很显然绝对不是快乐和满足，而是烦躁和郁闷，是一种感到对社会很无力的感觉，正是这样的情绪使人们精神紧张，而且经常觉得精疲力竭。这些情绪还容易引起身体不适，并引发神经性头痛等一系列疾病。

一家人寿保险公司在一本讨论疲劳的小册子上特别指出：“心理因素导致肌肉紧张，身体得不到放松，因此人就会感到疲劳。”

丹尼尔·乔斯林认为：“在人们的观念中，越是具有挑战性的工作越需要努力，于是就会不自觉地发动全身的肌肉一起用力。”人们常常在思考问题时皱起眉头、揉搓双手，一副如临大敌的样子，事实上这对于解决问题毫无用处。

那么怎样才能消除这种精神上的疲劳感呢？答案就是放松，学会轻松工作。

说的简单，做到这两个字并不容易，甚至要用毕生的精力来来对抗自己以前的不良习惯。但如果这种改变能够改变你的生活，那么一切都是值得的。威廉·詹姆斯在《论放松情绪》一文中说：“紧张、不安、焦虑都是坏习惯，彻头彻尾的坏习惯。”我们要做

的就是消除紧张、培养轻松的好习惯。

培养轻松的好习惯，首先从放松肌肉开始。

试着闭上眼睛，让你的身体放松，告诉自己："放松！不要紧张！"一分钟后，你是否感觉眼部的肌肉已经开始慢慢放松，是否觉得紧张的情绪已经消失不见？原因很简单，眼睛是身体的重要器官，只要你能放松眼部肌肉，就能做到情绪的放松，因为它消耗了全身1/4的能量。很多视力不好的人，经常会感觉眼睛酸痛，这是他们频繁地使用眼部肌肉的原因。

著名的女作家维基·鲍姆曾说，在很小的时候一位老人给她上了重要的一课。

一次，她摔倒了，擦破了皮。老人扶起她，说道："如果把自己当成一只旧袜子，你就不会摔伤了，摔伤是因为你没有放松自己。"老人教她和其他小朋友如何跑跳、翻跟斗，并告诉他们："学会放松，把自己当成一只旧袜子。"

任何人都能做到放松，无论何时何地，不能放松是不想去做。放松就是摒弃紧张的情绪，让自己彻底的轻松。

著名的女高音歌唱家盖莉·库尔奇放松的方法值得我们学习。她从放松眼部和脸部肌肉开始，然后再慢慢延伸到身体其他部位的肌肉，让自己犹如像个婴儿般没有紧张感，这样就能使自己彻底放松。

下面是让自己放松的五个办法，读者空闲的时候可以试试：

一、就如那位老人的“旧袜子”理论一样，任何时候都应该放松，让身体软的像一只旧袜子。工作的时候，要常常忘掉的自己的肌肉，随时提醒自己应该放松到什么程度。猫也是个不错的学习对象。当猫在太阳底下睡觉时，你会发现猫会慵懒地躺着，眯着双眼，似乎什么都不问，但一旦闻到鱼腥味或听到老鼠叫，立刻会一跃而起。学猫的姿态，可以帮助你放松，而工作起来也能够“一跃而起”。我们从来没有见到过一只烦躁的、失眠的、得了胃溃疡的、精神崩溃的猫。

二、工作时请尽量采用舒服的姿势。腰酸背痛和精神疲倦往往是肌肉紧张造成的。

三、每天至少自我反思五次：我有没有过分看重工作，并使它超出了本来的分量？我是否动用了和我工作毫无关联的肌肉，这样做有助于你养成放松的好习惯。大卫·哈罗·芬克博士说：“了解心理学的人都知道，疲惫人多来自不良习惯。”

四、每晚睡前再反省一次：“我究竟有多累？如果我感到疲倦，是源于过分紧张，那不是用脑过度造成的。”丹尼尔·乔斯林说：“即使工作一天感觉疲倦，我也知道那不是工作太累所致，如果能做到这一点，疾病就会远离我们，精神上的问题也将随之远去。”

如果美国所有的企业家都能学会放松，那么精神紧张引起的疾病致死率就会下降很多。

给自己上一堂日常放松课

那次，我的助手飞到波士顿，参加一个具有世界影响的特别医学课程。

这个每周一次的课程主要是病人参加，他们一直坚持定期和彻底的身体检查。

这个课程名为应用心理学，实际上是一种心理学的临床实验，真正目的是为了治疗因忧虑而得病的人——其中大部分是饱受忧虑困扰的家庭主妇。

1930年，这个课程刚刚建立。威廉·奥斯勒爵士的学生约瑟夫·普拉特博士在波士顿医院工作时发现了一个现象：众多求诊的病人生理上完全健康，但却总怀疑自己已经患病。一个女人怀疑自己得了胃癌，整日痛苦不堪；一个女人觉得两手患了“关节炎”，进而觉得自己无法干活儿。其他有常年感到疲倦或身体各处疼痛的还有很多人。她们看起来确实痛苦缠身，可彻底检查之后，却没有

发现任何问题。有经验的医生还会说，这只是心理作用——心病。

可普拉特博士知道，让他们打消“生病”的念头是不可能的。谁都不想生病，要是痛苦和困扰那么容易治疗，她们早就自己解决了。这种“无病之病”怎么治疗呢?

尽管很多医学界人士质疑，博士最终开还是开办了这个心理课程班，效果出人意料的好。18年来，心理课程班治好很多病人，有些病人甚至像坚持做礼拜一样持续上了几年的课。

我的助手跟一位很少缺课、坚持九年之久的妇女作了深入交谈。当年，她坚信自己患了肾病和心脏病，忧虑紧张之余，有时候甚至会短暂失明。现在她抱着熟睡的孙子，心情非常愉快，现在的她看上去非常健康，而且还感到比以前年轻了不少。“我以前为家事烦透了，”她说，“简直觉得生不如死。在这里，我没有了忧虑，因为我学到了掌握了消除忧虑的秘诀。现在我体会到了真正的幸福。”

课程班医学顾问露斯·希尔费丁医生认为，减轻忧虑的灵丹妙药就是跟熟识信任的人倾谈，这可以起到净化作用。她说：“病人可以畅所欲言、尽情倾诉，直到不利的情绪完全宣泄。如果沉默，并进而产生忧虑和烦躁感，精神会出现压抑、紧张。我们应该找人分担痛苦和烦恼，也应该分担别人的忧虑痛苦和烦恼。我们必须找到愿意倾听，也能够了解自己的人。”

课程继续进行，一个烦恼于家事的女人诉说完心中烦忧后，感到了前所未有的解脱。而一开始她还像压紧的弹簧一样紧张，后来讲出来之后人就渐渐平静，再后来她竟能面露微笑。事实上，这个时候问题还没有完全解决。这是肯定的，这不是一天就能立竿见影的。改变之所以发生，全在于她和别人的交流、沟通，以及得到了安慰和同情。真正造成变化的是具有强大治疗作用的口语表达。

从某种意义上来说，心理分析是以语言——口语表达的治疗作用为基础的。早在弗洛伊德时代，心理学家就掌握了让忧郁症患者通过话语的倾诉，以消除忧虑的治疗方法。说到原因，也许是这种一吐为快的方式能让我们深入剖析问题，从而找到解决烦恼的方法。答案不一定确切，但现在“找人诉说”或“发牢骚”能消除郁闷的心情，却已形成共识了。

既然如此，要是我们出现了烦恼，不妨找个人聊聊。当然并不是随便找人，要注意选择倾诉对象，也就是我们信得过的人。在说出自己的烦恼之后，请对方给自己忠告。也许旁观者清，倾听者说不定真的能给你意见。就算倾听的人没有意见，那么你说出来的过程其实也是一种排解的过程，也能得到莫大的安慰。

假如你真的找不到倾诉对象，我向你推荐“生命救助联盟”，它跟波士顿的医学课程无关，是为劝止人类自杀而成立的一个特别行动组织。多年来这一组织的服务对象已扩大到抑郁或是急需心理

帮助的人群，无数患者在这里得到了安慰。

波士顿医院特别医学课程中最主要的治疗方法就是找人倾听，每个人都能在日常生活中做到课程所设计的实践环节。以下就是课程为患者设定的一些实践方法：

一、珍藏版“灵感之源”剪贴簿——提振精神

平时贴上心仪而鼓舞人心的诗句或名人格言。当你心情低落的时候，可以看看它们。波士顿医院的患者，长期收集保存这类资料，并视它们为不可或缺的精神资源。

二、宽容缺点，强调优点

也许你的丈夫有不少缺点，但他如果是圣人的话，恐怕就根本不会娶你。课程班上有一个女人，对丈夫挑三拣四，当被问及“要是你丈夫离你而去了，你还这么埋怨吗”的问题时，她才反省到是自己太苛刻和挑剔了，自己是时常责备丈夫，并且从来对丈夫没有好脸色的妻子。她震惊之余，立刻说出了丈夫很多优点，这时她发现丈夫正是自己梦寐以求的那个人。和别的男人相比，她的丈夫已经很优秀了。所以女人如果哪天觉得嫁错人了，或者男人觉得娶错了人，不如也试试想想对方的优点。

三、培养对生活的兴趣

从街坊、邻居以及身边的人和事开始，培养对健康生活的兴趣。一个女人孤独而内向，连朋友都没有，她想摆脱这种困境。有

人建议她，每碰到一个人，就将之作为主角编个故事。于是她假想那人的背景、生活，开始连续编织一个人的故事。后来，她更进一步，积极跟人交流沟通，终于不再自我封闭，成为快乐而受欢迎的人，再也没有感到孤独和忧郁。

四、有计划地安排好明天

课程班很多家庭主妇因忙于家务而感到疲惫不堪，好像事情永远忙不完，老是觉得时间不够用。特别医学课程的导师要求主妇们头一天就安排好第二天的工作，结果她们在家务顺利完成的同时，还觉得很轻松。她们为解除了这一困扰而志得意满，甚至还腾出时间休息和打扮。每个女人都应该抽出时间来打扮，让自己每一天都漂亮。一个女人漂亮而自信地出入公共场合，就不会被紧张和烦恼所困扰。

五、消除紧张和疲劳的唯一途径就是放松

紧张和疲劳催人老去，它们对你外表产生的伤害无出其右，是最大的。我的助手在波士顿医院特别医学课程班里听保罗·约翰逊教授谈了很久，也讨论在前一章讨论过的原则——能够消除忧虑使人放松的方法。经过十分钟的放松练习，我的助手和其他人一样几乎坐着睡着了。必须放松才能消除忧。

如果你是全职家庭主妇，更比别人多了一个得天独厚的优势——想躺就躺、想睡就睡，甚至可以直接躺在家里的地板上。坚

硬的地板比席梦思床更有助于你的放松，这是一个奇妙的事实。刚性的地板的对保护脊柱、脊椎大有裨益。

下面的家庭放松练习一定对你有所帮助：

一、疲倦时，平躺于地板上，尽量伸直身体，可以翻身，每天两次。

二、遵循约翰逊教授的建议，闭目冥想："蓝蓝的天空，阳光洒下来，天地安静，你与整个宇宙和谐为一。"

三、如果你没时间躺下，坐在直背椅上，两手向下平放在大腿上，也能起到放松的效果。

四、慢慢卷起脚趾，然后放松。收紧腹部肌肉，然后放松。依次朝上运动全身肌肉，直到颈部，然后头做360°转动，不断要放松肌肉，再放松……

五、深呼吸，有规律的呼吸是平心静气的最好办法。

六、想象你脸上的皱纹逐渐被抹平，松开眉头，轻抿嘴唇。每天坚持做两次，那么你以后不去美容院，都可能减缓皱纹的生长。